石油教材出版基金资助项目

石油高职院校特色规划教材

油田废弃物处理技术

张玉平　主编
倪　银　主审

石油工业出版社

内 容 提 要

本书在系统介绍油田废弃物的种类、油田废弃物对环境的影响、油田废弃物排放标准与处理技术的基础上，重点介绍废弃钻井液、压裂与酸化返排液、含油污泥、含油污水等的处理方法与技术，以满足高职高专石油类专业的教学需要。

本书可作为高职高专石油类专业教材，也可以作为油田从事环境保护、节能、废弃物处理工作的广大科研人员和工程技术人员的参考书。

图书在版编目(CIP)数据

油田废弃物处理技术 / 张玉平主编. — 北京 ：石油工业出版社，2019.8

石油高职院校特色规划教材

ISBN 978-7-5183-3551-0

Ⅰ. ①油… Ⅱ. ①张… Ⅲ. ①油田—废物处理—高等职业教育—教材 Ⅳ. ①X741

中国版本图书馆 CIP 数据核字(2019)第 176449 号

出版发行：石油工业出版社

(北京市朝阳区安华里 2 区 1 号楼　100011)

网　址：www. petropub. com

编辑部：(010)64256990

图书营销中心：(010)64523633　(010)64523731

经　　销：全国新华书店

排　　版：北京密东文创科技有限公司

印　　刷：北京中石油彩色印刷有限责任公司

2019 年 8 月第 1 版　2019 年 8 月第 1 次印刷

787 毫米×1092 毫米　开本：1/16　印张：7.25

字数：183 千字

定价：18.00 元

(如出现印装质量问题，我社图书营销中心负责调换)

前　言

我国油田多处于干旱、缺水地区，生态环境脆弱。随着环保法规的健全完善和公众对危险废弃物影响人体健康与生存环境的日益关注，油田废弃物处理已成为油田生产环境保护的重点内容之一。

本书对每一种类油田废弃物的组成、特征、危害、处理方法与技术进行阐述，尤其是废弃钻井液、压裂与酸化返排液、含油污泥、含油污水的处理方法与技术等。另外，本书充分吸收国内外对油田废弃物处理的最新成果，加强对国内外典型废弃物的常规处理方法与技术的介绍。本书是石油院校、油田企业和科研院所共同打造的一本教材，体现了“校企结合”的新型教材编写模式。本书各章附思考题和参考文献，便于读者查找相关资料、拓展研究、教学使用。

本书由承德石油高等专科学校石油工程系组织相关教师编写，由张玉平担任主编，由单秀华、曹孟菁担任副主编；由中国石油冀东油田瑞丰化工有限责任公司高级工程师、石油工业标准化委员会油田化学剂专业标准化技术委员会委员倪银审定。具体编写分工如下：张玉平编写第一章；王金树编写第二章；郭光范编写第三章；单秀华编写第四章；曹孟菁编写第五章；周芳芳编写第六章。全书由张玉平统稿。

本书在编写过程中得到了同行专家的大力支持，并提出了许多宝贵意见；同时本书得到了“石油教材出版基金”的资助，在此一并表示感谢。

由于编者水平有限，书中难免存在不足之处，敬请读者批评指正。

编者

2019 年 2 月

目 录

第一章 概 述

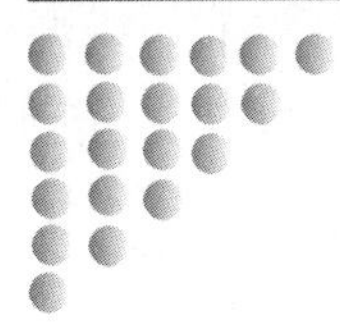

石油,从字面解意,就是石头里产生的油。石头里真的会产油吗?实际上,就如煤、铁、铜、金等矿藏一样,石油也可以理解为是一种产生于地壳的矿藏,所不同的就是它是以一种流体形态赋存于地下。

石油被誉为“黑色的金子”“工业的血液”,在国民经济中的地位和作用是十分重要的。一般而言,石油消费增长速度越快,该国的国民经济发展的增长率就越高;而人均石油消费水平越高,国民生产总值也越高。随着石油的大规模开发,石油以其不可思议的力量改变着世界的面貌,深入人类社会的每一个领域和每一个角落。人们在享受石油带来的便利的同时,却也不得不忍受着石油开发和使用所带来的环境污染与生态环境的破坏。石油开发过程中既有勘探、钻井、管线敷设、道路建设及地面工程建设等活动占用土地,又有含油污水、废弃钻井液、含油污泥、落地原油等污染物的产生,对区域的大气、水体、土壤、生物造成综合性、长期性、系统性的复杂多样的影响。

石油工业从上游(油气田的勘探开发)、中游(石油的集输和储运)到下游(石油炼制和石油化工)都会产生大量废弃物,这些废弃物主要来自生产工艺本身以及污水处理设施等。这些废弃物如不加以综合处理利用,既污染环境,又占用土地。本章从油田废弃物的产生入手,阐述油田废弃物对环境的危害,从而引出油田废弃物排放标准与处理技术。

第一节 油田废弃物的种类

油田废弃物是指在油田勘探、开发等过程中使用的工作液或处理工艺产生的对环境造成危害的污染物。按照废弃物的状态可以分为固体废弃物、液体废弃物、气体废弃物。固体废弃物包括废弃钻井液经分离后产生的污泥、被有害钻井液包裹污染的钻井岩屑、井场残渣、被污染的土壤、钻井液材料包等。液体废弃物主要来源于废弃钻井液经分离后产生的污水、井场洗井水、地层流出水、清洗设备水等。气体废弃物包括井场作业设备运作产生的废气、有毒气体(如二氧化硫等)以及烃类气体等。

石油开发是一项包含地下、地上等多种工艺技术的系统工程。不同的生产阶段和不同的工艺过程会产生不同的污染物。

一、钻井过程中的主要污染物

钻井是利用一定的工具和技术,用足够的压力把钻头压到地层,用动力转动钻杆带动钻头旋转破碎井底岩石,在地层中钻出一个孔眼的过程。钻井不但会占用土地、破坏地表植被,而且会排放废钻井液、机械冲洗水、跑冒滴漏的各种废液、油料等污染物。钻井过程的污染源主要是来自钻井设备和钻井施工现场,在实际生产作业过程中产生一定量的固体废弃物、废水、废弃钻井液、岩屑、噪声等各种污染物,对环境造成一定的影响和危害。

(一)固体废弃物

钻井过程中产生的固体废弃物主要有废弃钻井液中的固体组分、钻井岩屑等。废弃钻井液主要是钻井过程中无法使用或钻井完工后弃置于钻井液池中的钻井液,以及施工过程中由于各种原因溅落在井场的钻井液,其中含有大量石油类物质和处理剂。废弃钻井液对环境的影响主要取决于钻井液本身的组分,给环境造成危害的主要是可溶性金属元素、石油类及酸碱类污染。不同钻井过程中产生的废弃钻井液由于其组分和使用处理剂的类型的不同产生不同的环境影响,其中油基钻井液有毒有害物质含量高、用量大,对环境影响大。钻井岩屑主要指在钻井过程中通过钻井液循环带回地面的地层岩屑。钻井岩屑对环境造成影响的主要物质是与岩屑相混杂的钻井液和石油类物质。

(二)液体废弃物

钻井过程中液体废弃物主要包括机械废水、废钻井液、冲洗废水及其他废水等几种。钻井过程中水的使用量较大,用来配制钻井液、冲洗井底等。造成环境污染的钻井废水中主要污染物为石油类、悬浮物、水体有机物、挥发酚、有机硫化物、钻井液混入物(铁铬盐、褐煤、磺化酚)等,pH 值偏高。

(三)气体废弃物

钻井施工中使用很多动力设备,其运转主要依靠燃烧油料提供动力,因而会产生大量的废气、烟尘,这是钻井气体废弃物的主要来源,其中废气的主要污染物成分有二氧化硫、氮氧化物、烃类、一氧化碳等,以及在钻井过程中遇到含天然气、硫化氢地层后从井口逸出的天然气、硫化氢等。

二、采油、集输过程中的污染物

采油生产是把地下油气资源经天然或人工方式由地层采出至地面,从油井采出的气液混合物经过集输管道、计量站进入原油处理站,进行气液分离、脱水处理,达到外输要求。在采油、集输过程中,主要污染物有含油污水、落地原油、采油固体废物、采油废气、采油噪声等。

(一)含油污水

一般而言,采油厂都是各油田的用水大户,更是各油田最大的废水排放大户,其中排放的废水主要是含油污水。含油污水主要来自采出水和注水井洗井水。随原油和油田气一起从地下开采出来的经沉降和电化学脱水等工艺过程而分离出来的废水即为采出水。洗井是为了洗去注水井附近岩层内由于注水而附着的杂质,以保障正常生产。注水井洗井水是洗井过程中产生的含油污水。注水井需要定期进行洗井,由于井位分散,所以洗井水难于集中收集处理,往往就地排放,污染面广,污染程度深。含油污水的污染物主要包括石油类、挥发酚、硫化物等,矿化度高。另外,为了防止采出水腐蚀管壁和结垢,便于油水分离,油田向注入水中投放了大量化学药剂,使含油污水的成分更加复杂。

(二)落地原油

落地原油是采油生产过程中未进入集输管线而散落在地面的原油,主要有以下来源:自喷井投产前射孔替喷时有大量原油外喷,主要进入土油池;井喷、管线穿孔或断裂、泄漏等生产事故时产生的大量落地原油;采油过程中管线、阀门等发生故障而跑冒滴漏的原油。当落地原油暴露在空气中,其中的溶解气、轻烃会挥发进入大气,造成大气污染;渗入土壤后,会造成土壤污染,影响农业生产;井场附近的土油池由于雨水或地表径流的作用或年久失修导致原油泄漏而进入水域,将会造成水体污染。

(三)采油固体废物

采油固体废物主要是沉淀于储油罐、沉降罐等底部的含油污泥。含油污泥的组成成分极其复杂,一般由水包油乳状液、油包水乳状液及悬浮固体杂质组成,是一种极其稳定的悬浮乳状液体系,其中所含的油是造成环境污染的主要成分。

(四)采油废气

采油废气主要来源于燃料废气和工艺废气。在原油开采及集输过程中,往往要建许多加热炉及锅炉。采用蒸汽吞吐和蒸汽驱开发稠油,还必须建立高压蒸汽发生器以适应生产需要。这些加热炉、锅炉、高压蒸汽发生器每年要消耗大量的原油、渣油、天然气及各种煤。这些燃料燃烧产生大量废气及烟尘,废气的主要成分是二氧化碳、二氧化硫、氮氧化物和一氧化碳。不同的燃料燃烧后产生的废气对环境的影响不同。工艺废气主要来源于采油现场、联合站和油气集输系统轻烃的挥发,主要成分为甲烷和非甲烷烃,其中非甲烷烃所占比例较大,而且毒性较大,是油田大气污染的主要原因。

(五)采油噪声

采油噪声主要来源于采油过程中设备所产生的噪声,包括电磁噪声、机械噪声、泵噪声、阀门噪声、管路噪声、室内混响噪声等。

三、井下作业过程中的污染物

井下作业是采油生产的重要手段之一,是对油、气、水井实施修理,维护正常生产,增产,报废前善后等一切井下施工的统称。其主要工艺过程包括射孔、酸化、压裂、试油、修井、清蜡、除砂等作业环节,主要污染物有固体污染物、液体污染物、气体污染物等。

(一)固体污染物

井下作业中产生的固体污染物有:废弃钻井液;冲砂施工时携带出井口的砂及压裂施工时

散落的砂;起油管、抽油杆时带出的蜡;作业施工时由洗井液带出井口的蜡。

(二)液体污染物

井下作业中产生的液体污染物有:洗井、压井、冲砂、套铣等施工时产生的废水;酸化、酸压后排出的废酸液;压裂施工后剩余的液体和压裂设备、设施的清洗废水;压井、洗井、冲砂等施工时带出的原油。井下作业产生的废水中,主要污染物为石油类、悬浮物、压裂液溶入物或混入物(重铬酸钾、三氯甲苯)及酸化液(盐酸、硫酸、硝酸),pH 值偏低。

(三)气体污染物

井下作业产生的气体污染物主要有:施工过程中挥发的烃类气体;通井机、压裂车、酸化车等车辆产生的尾气;油气井作业时逸出的或水井酸化、管线酸洗时产生的硫化氢气体,其中的主要污染物成分有二氧化硫、氮氧化物、烃类、硫化氢。

四、测井过程中的污染物

测井是获取油气储层地质资料的重要的手段之一,是指向井中放入专门测量仪器,沿井身测量岩层剖面的各种物理参数随井深的变化情况,判断评价地层矿藏储集能力,确定油气层的储量和开采情况,在油气地质勘探和开发过程中应用广泛。随着测井技术的发展,伽马源、中子源和放射性同位素等放射性物质被广泛应用于石油生产测井之中,由此带来的放射性污染也成为石油勘探开发过程中放射性污染的主要来源。在放射性测井中使用的放射源有伽马源、中子源、放射性同位素,放射性物质有铯(^{132}Cs)、镭(^{266}Ra)、钡(^{131}Ba)、碘(^{131}I)、锡(^{113}Sn)、钴(^{60}Co)等。

测井过程的主要污染物是放射性废气、废水、废固等“三废”物质,以及因操作不慎而溅、洒、滴入环境中的活化液,挥发进入空气中的放射性气体,同时在施工过程中还会产生一些废水、固体废弃物。

第二节　油田废弃物对环境的影响

有数据表明,石油开发产生的水体污染物种类为石油类、水体有机物、悬浮物、挥发酚、硫化物、氯化物、六价铬、六价砷等 8 种,其中石油类、水体有机物、悬浮物这三种污染物的排放总量占所有污染物排放总量的 95.12%。排在第一位的是石油类,其等标污染负荷百分比为 52.66%,其次是水体有机物、悬浮物、硫化物、挥发酚等。

石油开发产生的环境影响,有的属于暂时性的污染,如地震噪声、作业噪声、气体排放噪声等,在施工作业时产生,施工停止后较快消失;有的属于一定时间内的污染,如钻井污水、废弃钻井液、钻井岩屑、落地原油、油砂等,是在施工作业过程中产生的,由于作业周期有长有短,而在作业后立即停止排放,这些污染物能在环境中存放一定时期,故其对环境的影响也在一定时期内存在;有的属于长期性的污染,如连续排放的采出水(含油污水)、烃类损失等在石油开发生产过程中随时产生,其影响贯穿于石油开发生产的全过程。输油管线的破裂泄漏会对沿途环境(土壤、水体等)造成污染,大量的泄漏可以及时发现,而微量的泄漏可能很长时间不会被发现。由于管线的深埋,原油污染面积大,因此对周围环境(土壤、水体等)的影响是长期性的。长输管道运行期间,由于输送的介质不同,将产生地表温度、水分等异常的现象,以及对地面植被、农田、土壤和野生动物繁殖、迁徙和栖息环境的长久不良影响。

一、对大气的影响

石油开发对大气有影响的主要污染物有:挥发进入大气的原油中较轻的组分;跑冒滴漏的天然气;油田开发钻井、井下作业中产生的废气,包括大型柴油机排放的废气和烟尘及烃类等有害气体;废弃不可利用的伴生气等气体燃烧时产生的有害气体,主要含有 SO_2、CO、NO_x、H_2S、烃类等污染物。SO_2 对植物生长有很大危害,对人体健康也有较大的影响,其危害主要表现在影响呼吸道,导致咳嗽、胸痛、支气管炎、肺气肿等;CO 能危及人体中枢神经系统;NO_x 对人体呼吸器官有强烈刺激作用,能引起哮喘甚至肺气肿、肺癌;H_2S 经黏膜吸收快,导致呼吸道及眼刺激症状,甚至出现急性中毒、呼吸道麻痹死亡。2003 年 12 月重庆开县钻井过程中发生井喷事故,致使大量 H_2S 喷出,导致 243 人死亡,在事故发生地污染源下风方向 5000m 以内的区域以及垂直于下风方向 500m 以内的区域,大气环境受到不同程度的污染。石油开发发生井喷时,容易发生火灾,对大气的危害性也很大。20 世纪 90 年代爆发的海湾战争,伊拉克撤离科威特时故意点燃了大量油井,约有 700 口油井被点燃,并一直燃烧了 8 个月,所产生的烟雾和化学物质几个月后仍不消失,其污染程度非常严重。

二、对水体的影响

石油开发产生的对水体有影响的污染物主要是含油污水、废弃钻井液、洗井废液和落地原油,其中的有害物质有水体有机物、石油类、重金属(Cr、Hg、Pb、As 等)、硫化物、挥发酚、盐(尤其是氯化物)、碱等。钻井过程中冲洗钻具和设备产生的污水,排至污水坑储存,靠自然蒸发消耗殆尽;作业区在洗井、修井过程产生的废液和废水含有大量的盐类,这些含油污水在井场长期储存中会通过沥滤、渗漏流入表层地下水中,使其遭受污染。钻井过程中产生的污染物在蒸发池储存期间,若遇暴雨、洪水等自然因素,将会造成蒸发池及井场的污水外溢,污染水体。含油污水是伴随着原油从地层下开采出来的,这些污水产生量大,经过处理后绝大部分回注地下。含油污水回注对深层地下水具有潜在性污染影响,在污水回注过程中回注井管一旦破裂,在巨大的回注压力下污水很容易被压入含水层,从而对地下水造成污染,将使地下水利用价值降低甚至不能利用。例如,美国在 20 世纪 60 年代发现废油气井(美国很多废油气井都作为废液回注井)附近地下水中氯化物含量高达 51000mg/L,比在油田开采前上升了 800 多倍。

石油开发产生的污染物对地表水影响有两种途径:一种是泄漏直接排入水体。地表水是农业生产的主要灌溉水源,一旦污染会直接造成土壤及农作物污染,农作物的污染导致家畜、家禽和人体有毒物质的富集,最终通过食物链危及人体健康。另一种是泄漏于地表。当土壤孔隙较大时,由降雨形成的地表径流将落地原油和受油污染的土壤渗透到土壤深层,渗透于地下水系统,造成地下水污染。废弃钻井液和含油废水中的石油类和水在长期依存中会通过沥滤、渗漏流入表层地下水中,使其遭受污染。由于油田大多数地处农村,远离城区,这些污染物对人体危害不像细菌或病毒那样来得激烈而明显,而是日积月累、潜移默化发生作用。含油污水中的 Cd、Pb、As 等重金属能被植物吸收并在体内富集,进而通过食物链或从饮用水进入人体。

三、对土壤的影响

目前,我国勘探、开发的油气田共500多个,分布在全国25个省、直辖市和自治区,油田的主要工作范围近$20\times10^4km^2$,覆盖地区面积约$32.1\times10^4km^2$,约占国土总面积的3.3%。

石油开发中对土壤污染影响最大的是落地原油、含油污水、含油固体废弃物和废弃钻井液等。落地原油和含油污水等含有大量的石油类,废弃钻井液中含有大量无机盐、有机物等,碱性强(pH值为11~12),使土壤物理性能变差,土壤变硬进而板结,失去种植能力。

石油开发中泄漏的原油覆盖于地表,土壤的吸附作用可使其大部分原油残存于土壤表层,造成土壤理化性质变化。若不加以控制,每一口井的落地原油辐射半径会达2~40m,渗透深度为5~30cm,土壤中石油烃、芳烃总量、酚的含量会超过土壤背景值的60倍以上。石油或含有石油类的污染物排放到土壤中,使土壤透水性、透气性降低,透水量下降,影响其内的微生物和植物生长。这种破坏需要若干年的时间才可能恢复。随着油田开发时间的延长,采出原油中的含水率不断提高,对环境造成的影响主要表现在局部地区的浅层地下水位上升,可造成土壤次生盐渍化,使其失去土地利用价值。

四、对植被的影响

由于受工艺和处理技术的限制,在石油开发和集输等生产过程中,不可避免地产生一定量的落地原油。尽管各油田成立专门的收油队,对落地原油尽量回收,最大限度地减少落地原油的产生量,但每年仍有非常可观的落地原油无法回收,滞留在油田周围的土壤中、公路上、草地中,对植被的生长造成一定影响。在油田附近经常可以看到,植物叶子的表面会覆盖一层油污而阻挡植物进行光合作用,直接威胁植物的生存。泄漏的原油黏附于植物体表,阻断植物的光合作用,可使植物枯萎死亡。原油中的不同组分对植物的危害不同,低分子烃能穿透到植物的组织内部,破坏植物的正常生理机能,而大分子烃虽因分子较大穿透能力差,但易在植物表面形成一层薄膜,阻塞植物气孔,影响植物的蒸腾作用和呼吸作用。

钻井过程中产生的废弃钻井液、岩屑、含油废水中的污染物会通过植物的根、茎、叶等各种途径进入植物体内,影响植物的生理性质和存活时间。废弃钻井液的碱性强,对含有有机质的酸性土壤或中性土壤危害小,而对含黏土的碱性土壤危害极大。盐碱化土壤一旦受到废弃钻井液的污染,其碱性远远超过植物的耐受范围(pH为5.5~8.5),从而使井场周围的植被受到破坏,并难以再生。另外,钻井液中的无机盐(如NaCl、KCl、$CaCl_2$等)含量在土壤中积累到一定程度后,会使土壤盐碱化程度加重,使植物难以生长。

第三节　油田废弃物排放标准与处理技术概述

一、国外油田废弃物排放法律与标准概述

国际社会将油田废弃物归为《巴塞尔公约》附件一中应加以控制的废物类别,该公约附件四则对油田废弃物的转运、排放、处置、回收等行为进行了有关的说明。《巴塞尔公约》拟定了

废物管理战略的各项原则和环境技术导则,其中就包含了《关于危险废物——产于和源于石油的废油的技术导则》。1992 年欧洲 15 国为保护北大西洋海洋环境,而制定了《奥斯陆—巴黎公约》,其内容要求每种化学产品和钻井液或排污成分使用前都要求预批准,准备使用油基钻井液或合成基钻井液的地区需要提交钻井液配方成分的毒性数据和钻井液中的有机成分,包括基液在内的有毒物质在生物体内的潜在积累可能性。所有水基钻井液和生产化学品都要进行预筛选,证实选择使用或排放的水基钻井液具有最小的危害性。美国联邦法律第 40 篇 435 部分规定了油气开采的废物排放技术控制标准,包括海上部分、陆地部分、沿海部分、农业和野生生物用水部分和枯竭井部分。在制定标准时分别对现行最佳可行性控制技术(best practicable control technology currently available, BPT)、最佳可利用技术(best available technology economically achievable, BAT)、最佳常规污染物控制技术(best conventional pollutant control technology,BCT)下的排放标准进行了规定。具体技术标准和污染物类型如下。

(一)有毒和非常规性污染

由于钻井液的化学组成结构极其复杂,美国环保局选择使用指标污染物对有毒和非常规性污染物的排放进行控制。通过这种方法,美国环保局显著减少了对排放者的监督责任,同时仍可以对排放造成的环境影响实施严格的控制。指标污染物是指那些通过分析测试可以精确显示出污染物类别或等级的污染物。对于钻井液,美国环保局已经确定使用游离油和柴油作为指标污染物来测定有毒的有机成分,即苯、二甲苯。对于重金属,美国环保局确定将络合铬作为指标污染物,整体排放毒性作为有毒污染物的另一个指标。

(二)最佳可行性控制标准

根据最佳可行性控制标准制定的排污限定大纲用于监督现有污染源排放的所有常规性、有毒和非常规性污染物。最佳可行性控制标准代表常规性污染物的最佳现有性能的平均标准,在制定最佳可行性控制标准排污限定大纲时,美国环保局考虑排污削减收益的总成本、设备和设施的使用年限、采用的操作流程、需要更改的操作流程、控制技术的工程问题以及非水质影响,美国环保局在测量排放物中可以清除的污染物数量时,综合考虑了这些技术的应用成本和排污削减收益。

(三)最佳可利用技术排污标准

最佳可利用技术排污标准总体上可以代表经济上可实现的最佳性能以及有毒和非常规性污染物排放的重要控制方法。在最佳可利用技术排污标准下,美国环保局确定了一套处理技术(与最佳可行性控制标准方法相同),对这些技术的处理性能进行了评估,并根据这些性能设置了限定标准。

(四)新污染源性能标准

新污染源性能标准是根据经证实的最佳控制技术性能制定并应用于所有的污染物,新污染源性能标准的严格程度至少与最佳可利用技术相同,新的设施为采用最佳操作流程和采纳针对所有污染物都最有效的废水处理技术提供了机会。

（五）最佳管理措施

美国环保局可以使用技术标准来预防因设备废弃物溢流或泄露、淤泥或废弃物处理以及原料储存消耗造成的有毒污染物的排放，这个标准被称为最佳管理措施。陆地油气开采和农业、野生生物用水分部分制定了现行最佳实用技术水平下的排放标准。沿海油气开采分部分，除了对BPT、BAT、BCT下的排放标准和新源绩效标准做了规定，还对现有源预处理旳绩效标准（pretreatment standards of performance for existing sources，PSES）和新源预处理的绩效标准（pretreatment standards of performance for new sources，PSNS）进行了规定。而对于枯竭井，没有国家标准，各州或EPA具有司法权。这些标准中涉及的废物来源，包括采油废水、废弃钻井液、钻井岩屑和脱水排出物、油井改造钻井液、完井钻井液、修井钻井液、操作平台排水、含油污泥、生活废水等。

二、国内油田废弃物排放法律与标准概述

我国目前与油田废弃物管理相关的法律10部，分别是《中华人民共和国放射性污染防治法》《中华人民共和国固体废物污染环境防治法》《中华人民共和国清洁生产促进法》《中华人民共和国水法》《中华人民共和国水土保持法》《中华人民共和国水污染防治法》《中华人民共和国野生动物保护法》《中华人民共和国环境保护法》《中华人民共和国海上交通安全法》《中华人民共和国海洋环境保护法》，条例主要涉及《放射性废物安全管理条例》《中华人民共和国对外合作开采海洋石油资源条例》《危险化学品安全管理条例》《土地复垦条例》《消耗臭氧层物质管理条例》《中华人民共和国对外合作开采陆上石油资源条例》《防治海洋工程建设项目污染损害海洋环境管理条例》《中华人民共和国海洋石油勘探开发环境保护管理条例》《中华人民共和国水污染防治法实施细则》等9部。

除上述的法律规定，还有一些行业性标准，如SY/T 6628—2005《陆上石油天然气生产环境保护推荐作法》，SY/T 6629—2005《陆上钻井作业环境保护推荐作法》，SY/T 309—1996《滩海石油工程采出水处理技术规范》，ZBBZH/YH《油田含油污水处理建设标准》，SY/T 5580—2007《油田用破乳剂、采出水处理剂技术管理规程》等。

我国陆地石油勘探开发污染物排放标准，没有专门设定标准，油田排放的工业废水目前按照GB 8978—1996《污水综合排放标准》的二级标准执行。对油田废弃物中的排放的一般工业废弃物执行GB 18599—2001《一般工业固体废物贮存、处置场污染控制标准》，危险废物执行GB 18484—2001《危险废物焚烧污染控制标准》、GB 18597—2001《危险废物贮存污染控制标准》、GB 18598—2001《危险废物填埋污染控制标准》，生活垃圾执行GB 16889—2008《生活垃圾填埋厂污染控制标准》、GB 18485—2014《生活垃圾焚烧污染控制标准》。而对于海洋石油勘探开发污染物的排放，有专门的标准，即GB 4914—2008《海洋石油勘探开发污染物排放浓度限值》，将我国海域分为三个等级的海区，规定了海洋石油勘探开发活动中产生的直接排放入海的污染物在不同等级海区的污染物排放浓度限值，包括生产水，钻井液和钻屑、机舱、机房、甲板含油污水和生活污水等的限值做了相关规定。废弃物的生物毒性容许值应符合GB 18420.1—2009《海洋石油勘探开发污染物生物毒性 第1部分：分级》中的相关要求。值得注意的是渤海海域的很多废弃物排放标准都要求零排放，如含油钻井液和钻屑，海上钻井设施的机舱、机房和甲板含油污水，生产垃圾和生活垃圾等。生产废水、钻井液和钻屑中含油量的

排放浓度限值见表1-1和表1-2。

表1-1 生产废水排放浓度限值

等级	浓度限值,mg/L	
一级	一次容许值≤30	月平均值≤20
二级	≤45	≤30
三级	≤65	≤45

表1-2 钻井液和钻屑排放浓度限值

排放污染物类型	污染参数	等级	排放要求/限度
水基钻井液和钻屑	含油量	一级	除渤海不得排放钻井油层钻屑和钻井油层钻井液外,其他一级海区要求油量≤1%
		二级	≤3%
		三级	≤8%
非水基钻井液和钻屑	含油量	一级	除渤海不得排放钻井油层钻屑和钻井油层钻井液外,其他一级海区要求油量≤1%
		二级	≤3%
		三级	≤8%

三、国内外油田废弃物处理技术概述

处理技术是油田废弃物管理的重点。国外废弃钻井液和钻屑除了常规的直接排放、海上回注(北海、墨西哥湾、加拿大西部等)、回用(苏格兰)、土地耕作(美国路易斯安那州、加拿大西部)、土地撒播(美国得克萨斯州、路易斯安那州、俄克拉荷马州)、堆肥(美国、加拿大)、热脱附(英国、加拿大、美国、委内瑞拉、哈萨克斯坦)等处理技术方法,有些国家利用地理条件的特殊性来进行处理,如美国阿拉斯加州北坡对钻井液的处理采用的是填埋冷冻法,利用麦肯锡河三角洲地区的冰冻地层掩埋式深坑处理水基钻井液,欧美国家利用盐穴埋藏钻井液等。除此之外,有些技术已经成熟,某些条件下缺乏应用性,如陆上回注和将堆肥应用于处理海上钻井废弃物。在废弃钻井液的处理技术方面,目前在我国油田中得到应用和研究的主要有:直接排放、循环使用(大港油田)、回收再利用(塔河油田)、破乳(辽河油田)、机械脱水(河南油田)、微生物处理(长庆油田)、回注(河南油田)、坑内密封(中原油田)、固化(西南油气田、胜利油田、冀东油田、大庆油田等)、转化为水泥浆(大港油田)、异位集中处理等。对于钻屑的处理,赵东油田采用回注技术处置钻屑,冀东南堡1号人工岛采用岩屑脱干法,胜利油田海上平台上部地层岩屑排海、油气层岩屑回陆处理。

关于生产废水的处理和处置,美国90%的生产废水的最终处置都是通过二类回注井进行回注。欧美国家大力推动生产废水的减量化和处理后回用。减量化技术包括化学封堵、机械封堵、井下油水分离等。回用包括做农业用水、做工业用水、湿地水补给、含水层补给等。成熟的单项生产废水处理技术包括除油技术(除油罐、水力旋流、深层过滤、超滤和微滤等)、除悬浮物技术(砂滤、沉淀、滤筒过滤等)、除铁技术(离子交换、曝气沉降等)、有机物去除技术(生物处理、活性炭吸附等)、盐分去除技术(蒸汽压缩冷凝、反渗透、多级闪蒸、电渗析等),具体的处理工艺可根据生产废水的特点,将单项工艺组合。我国油田钻井废水的处理工艺有混凝—

沉降—活性炭吸附(大港油田)、化学脱稳—强化固液分离(江苏油田、河南油田)、酸碱絮凝沉降(新疆油田)、混凝沉降/混凝沉降—化学氧化(西南油气田)、破乳—混凝—气浮—过滤—吸附(冀东油田)。对于酸化废水,国内油田处理做法多是加碱中和之后,就地储运或转运后回注,有的油田开展了处理工艺研究,如河南油田的"碱处理—氧化/吸附—混凝"工艺、川中油田的水泥固化工艺和"中和—微电解—催化氧化—吸附"工艺等。国内油田压裂废水处理技术如胜利油田的"絮凝—隔油—光催化氧化"工艺、安塞油田的"氧化—絮凝回注处理"工艺、西南油气田的"化学脱稳—过滤—臭氧/过氧化氢—复合催化氧化—深度氧化"工艺等。本书在后面的章节中就废弃钻井液处理技术、压裂与酸化返排液处理技术、含油污水处理技术、含油污泥处理技术和其他废弃物处理技术等进行分别详述。

思考题

一、选择题

1. 通常把利用油层能量开采石油称为(　　);向油层注入水气,给油层补充能量开采石油称为二次采油;而用化学的物质来改善油、气、水及岩石相互之间的性能,开采出更多的石油,称为三次采油。

A. 一次采油　　B. 二次采油　　C. 三次采油　　D. 以上都不对

2. 钻井过程中产生的钻井废液的(　　)强,对含有有机质的酸性土壤或中性土壤危害小,而对含黏土的碱性土壤危害极大。

A. 碱性　　B. 酸性　　C. 中性　　D. 以上都不对

3. 钻井过程中水的使用量较大,配制钻井液、冲洗井底;造成环境污染钻井废水中主要污染物为石油类、悬浮物、水体有机物、挥发酚、有机硫化物、钻井液混入物(铁铬盐、褐煤、磺化酚)等,pH 值偏(　　)。

A. 高　　B. 低　　C. 中等　　D. 以上都不对

4. 钻井废液中含有大量无机盐、有机物等,碱性(　　),使土壤物理性能变差,土壤变硬进而板结,失去种植能力。

A. 强　　B. 弱　　C. 中等　　D. 以上都不对

5. 井下作业产生的废水中,石油类污染物、有机物及固体颗粒含油(　　)、废水矿化度高、腐蚀性大,固体颗粒粒径小,若大量外排将对环境产生较大的危害。

A. 高　　B. 低　　C. 中等　　D. 以上都不对

6. 在采油、集输过程中,产生主要污染源有(　　)、采油噪声等。

A. 采油污水　　B. 落地原油　　C. 固体废物　　D. 采油废气

7. 采油污水的污染物主要包括石油类、挥发酚、硫化物等,矿化度(　　),为了防止采出水腐蚀管壁和结垢,便于油水分离,向其中投放了大量化学药剂,使采油污水的成分更加复杂。

A. 高　　B. 低　　C. 中等　　D. 以上都不对

8. 含油污泥的组成成分极其复杂,一般由水包油、油包水及悬浮(　　)杂质组成,是一种极其稳定的悬浮乳状液体系,其中所含的油是造成环境污染的主要成分。

A. 固体　　B. 液体　　C. 气体　　D. 以上都不对

9. 燃料燃烧产生大量废气及烟尘，其中废气的主要成分是（　　）、CO_2、NO_x、CO。

A. SO_2　　B. SO_3　　C. H_2SO_4　　D. H_2SO_3

10. 井下作业产生的废水中，主要污染物为石油类、悬浮物、压裂液溶入物或混入物（重铬酸钾、三氯甲苯）及酸化液（盐酸、硫酸、硝酸），pH 值偏（　　）。

A. 高　　B. 低　　C. 中等　　D. 以上都不对

二、判断题

1. 钻井过程中产生的废弃钻井液、岩屑、含油废水中的污染物会通过植物的根、茎、叶等各种途径进入植物体内，影响植物的生理性质和存活时间。（　　）

2. 含油污泥的主要组成是油泥和水，其中给土壤造成危害的是油。（　　）

3. 我国目前与油田废弃物管理相关的法律 10 部，包括《中华人民共和国放射性污染防治法》《中华人民共和国固体废物污染环境防治法》《放射性废物安全管理条例》等。（　　）

4. 含油污水中的 Cd、Pb、As 等重金属能被植物吸收并在体内富集，进而通过食物链或从饮用水进入人体。（　　）

5. 在石油开发过程中使用多种化学添加剂、絮凝剂、杀菌剂、固化剂、压裂液、酸化液、调剖液、解堵液、放射性物质等，各种药剂和物质存在不同的毒性和腐蚀性，对土壤、地下水、地表水、大气影响较多，对人和其他生物有一定的危害。（　　）

6. 井下作业中产生的液体污染物有：洗井、压井、冲砂、套铣等施工时产生的废水；酸化、酸压后排出的废酸液；压裂施工后剩余的液体和压裂设备、设施的清洗废水；压井、洗井、冲砂等施工时带出的原油等。（　　）

7. 测井过程的主要污染源是放射性废气、废水、废固等“三废”物质，以及因操作不慎而溅、洒、滴入环境中的钝化液，挥发进入空气中的放射性气体，同时在施工过程中还会产生一些废水、固体废弃物。（　　）

8. 工艺废气主要来源于采油现场、联合站和油气集输系统轻烃的挥发，主要成分为甲烷和非甲烷烃，其中甲烷所占比例较大，而且毒性较大，是油田大气污染的主要原因，对大气的影响很大。（　　）

9. 渤海海域的很多废弃物排放标准都要求零排放，如含油钻井液和钻屑，海上钻井设施的机舱、机房和甲板含油污水，生产垃圾和生活垃圾等。（　　）

10. 钻井液中的无机盐（如 NaCl、KCl、$CaCl_2$ 等）含量在土壤中积累到一定程度后，会使土壤盐碱化程度加重，使植物难以生长。（　　）

三、简答题

1. 石油开发对土壤环境的影响有哪些？
2. 石油开发对水体环境的影响有哪些？
3. 井下作业过程中的主要污染源及污染物是什么？
4. 采油过程中的主要污染源及污染物是什么？
5. 生产废水、钻井液和钻屑中含油量的浓度排放限值分别是多少？

参考文献

[1] 王药. 吉林省石油工业可持续发展与循环经济运行模式研究[D]. 长春：吉林大学，2005.

[2] 秦晓.中国能源运输业的发展与未来战略明[J].中国能源,2008,30(4):29-33.
[3] 楚泽涵,任平.碧水蓝天工程——石油环境保护[M].北京:石油工业出版社,2006.
[4] 刘佩成.国际油价暴涨的原因、走势及战略对策[J].当代石油石化,2004(11):19-23.
[5] 刘庆华.资源枯竭型城市的可持续发展明[J].环境与可持续发展,2008:40-42.
[6] 王久瑞,田永彬,陈雷,等.油田开发区域草原生态坏境演变规律及保护恢复对策[J].油气田环境保护,2002,12(2):36-38.
[7] H.B.布雷德利.石油工程手册(上):采油工程[M].北京:石油工业出版社,1992.
[8] 师合林.延安地区北部石油勘探开发的环境污染与控制对策研究[D].西安:西北大学,2008.
[9] 林积泉,土伯铎,马俊杰,等.石油开发对黄土区生态环境的影响与对策[J].西北大学学报(自然科学版),2005,35(1):105-108.
[10] 叶庆全,袁敏.油气田开发常用名词解释[M].北京:石油工业出版社,2005.
[11] 引李巍.油田生产环境安全评价与管理[M].北京:化学工业出版社,2006.
[12] 张家仁.石油化工环境保护技术[M].北京:中国石化出版社,2006.
[13] 刘晓,许世海,熊云,等.油料与环境[M].北京:中国石化出版社.2006.
[14] 周铁金,车瑞俊,孙建峰.油田开发中大气污染与治理[J].资源与产业,2006,8(2):78-81.
[15] 徐龙君,吴江,李洪强.生态开县井喷事故的环境影响分析明[J].中国安全科学学报,2005,15(5):81-87.
[16] 贾伟玲.油田开发项目中大气环境影响预测方法研究[J].油气田环境保护,1998,8(2):36-38.
[17] 耿春香,张秀霞.西北地区油田开发对生态环境影响的几点分析[J].环境保护科学,2003,29(2):40-46.
[18] 詹鲤,薛万东.油田企业环境保护[M].北京:石油工业出版社,2004.
[19] 敬宪科.石油资源开发中的环境污染问题[J].甘肃环境研究与监测,1995,9(2):27-29.
[20] 青尚湘.气田开发对环境的影响明[J].油气田环境保护,1995,5(1):43-47.
[21] 刘五星,骆永明,腾应,等.我国部分油田土壤及油泥的石油污染初步研究明[J].土壤,2007,39(2):247-251.
[22] 何良菊,魏德洲,张维庆.土壤微生物处理石油污染的研究[J].环境科学进展,1999,7(3):110-112.
[23] 蔡群高,杨俊孝,减俊梅.新疆油气资源开发生态环境问题研究[J].新疆社科论坛,2003(1):29-35.
[24] 周晓东,胡振琪.石油天然气开发对生态环境的破坏与治理[J].资源与产业,2000(7):32-34.
[25] 兰文辉.目前新疆内油田主要环境问题与对策[J].干旱环境监测,2002,16(2):79-82.
[26] 涂善斌.气田开发对环境的影响及减少措施[J].油气田环境保护,2000(9):20-21.
[27] 姬雄华,冯飞.陕北石油企业环保责任与发展对策[J].生态环境,2007(6):134-137.
[28] 黄绵辉,李群,刘晓丽,等.河南周口至省界高速公路建设对生态环境的影响[J].生态学杂志,2002,21(1):70-79.
[29] 顾涛,张立,孟德强.油气田开发对生态环境的影响:以昌吉州为例[J].新疆环境保护,2003,25(1):13-16.
[30] 刘文霞,孟祥远,冯建灿,等.中原油田耕地污染分析[J].农业环境保护,2002,21(1):56-59.

第二章　废弃钻井液处理技术

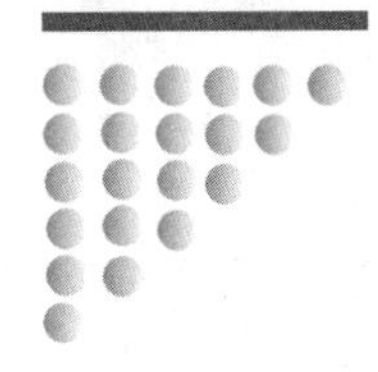

废弃钻井液是石油天然气工业的主要污染源之一，对废弃钻井液的处理是目前困扰油田的一大难题。2008年《国家危险废物名录》中已将“废弃钻井液处理产生的污泥”(废物代码071-002-08)列入国家危险废物名目内，随着国家法律法规日益健全、地方政府环保要求的提高和油田环保意识的增强，钻井废弃物处理技术发展势在必行。本章主要从废弃水基钻井液处理技术、废弃油基钻井液处理技术和含油钻屑处理技术等方面进行讲解。

第一节　废弃水基钻井液处理技术

钻井液被称为“钻井的血液”，是一种混合了油、水、黏土和化学药品的流体，可有效减小摩擦阻力，降低钻井事故发生率，提升井身质量，大量用于水平井和深直井的施工。石油行业传统处理方法是每钻一口井，就要挖一个大型的钻井液循环池，一般占地3亩左右，施工结束后再进行固化处理，但是这种处理方法难以复垦或者恢复植被，造成土地资源的浪费。近年来，钻井队对钻井液的使用量越来越大，随之而来的安全环保等问题也日益突出。

一、水基钻井液污染现状

在钻井作业完成之后，大部分钻井液通常都要被废弃掉，成为钻井作业中数量最多、环境影响最大的污染源。其主要污染成分包含钻屑、黏土、泥渣和无机盐、碱、重金属离子、污油，以及具有不同程度毒性、很难自然降解的有机处理剂等。这些废弃物组成复杂、成分变化较大，无利用价值，如果不对其采取处理措施或处理不当，就会发生有机物和重金属盐等的渗漏、流失、扩散和迁移，将对周围环境产生污染，影响动植物的正常生长，严重者多年不长植物。据调查，1m^3 废弃水基钻井液可污染40～70m^3 土壤，5～7年不能正常生长；1m^3 废弃水基钻井液可使200～400m^3 河水丧失水草和鱼。一般每亩耕地如果受到50kg矿物油的污染，会造成20%～30%的农作物死亡，存活部分基本不结籽粒；当污染物达到75kg时，普通作物基本无法存活，这个数量只相当于水中含有50～60mg/L的矿物油，然而钻井现场经常排放的废水和废弃物中矿物油含量大大超过了100mg/L，危害可想而知。如果当钻井废弃物自然干结后就填埋，再遇水便会重新返浆，直接影响废钻井液池部分覆土还耕，造成潜在的长期危害。

对于废弃钻井液的处理现状是：除回收利用一小部分外，绝大部分采用直接排放和自然蒸发、沉积、干化和就地掩埋等方法进行简单处理。尤其在我国陆上钻井时，常用钻井液大池存储废弃钻井液及岩屑，当钻完井后，钻井液不加处理便直接排放或弃放在井场，即使掩埋也会通过渗透的途径进入农田、河流等生态环境。遇到雨季，废弃钻井液中的有害物质随雨水外溢流入农田、河流，渗入地表，对当地的饮水水源、地下水、土壤及动植物生长都会造成污染，更严重的会通过食物链直接或间接危及人类身体健康与生命安全。

二、水基钻井液污染物的种类

在废弃水基钻井液中，危害环境的主要成分包括有机烃类、无机盐类、某些重金属离子（如汞、铜、砷、镉、铬、锌、铅）及一些配浆和加重材料中的杂质等。

三、废弃水基钻井液对环境污染过程

（一）无机盐导致土壤盐渍化

以淡水作为连续相的淡水钻井液由于加入了各种添加剂，常会使体系的总矿化度升高，而钻井液在循环使用过程中也会溶解部分地层中含有的无机盐类，从而造成钻井液水相的矿化度升高。

由氯化物测定结果可知，现场使用的淡水钻井液滤液中氯化物含量通常大于400mg/L。国标规定，农灌水的氯离子含量不得大于250mg/L，若长期采用含盐量高的水灌溉农田，会增大土壤溶液的渗透压，土体通气性和透水性变差，进而土壤变硬板结、龟裂，养分的有效性降低，使植物难以从土壤中吸收所需水分而导致不能正常生长，严重时甚至使土壤无法返耕，最终加快土壤的盐碱化程度，破坏生态环境，造成土壤的浪费。

（二）重金属导致土壤中的重金属富集

废弃钻井液中的重金属一方面来自钻井液添加剂、基础添加材料（如重晶石），另一方面也可能是随钻屑由地层中携带出来的，它们主要包括铬、汞、镉、砷、铅等几种。

废弃钻井液中的重金属多以络合态、吸附态、碳酸盐态和残渣态等存在，土壤是它的最终承载体。重金属在土壤中一般不易因水的作用而迁移，也不能被微生物降解，而且不断积累。土壤中重金属积累到一定程度便会对土壤—植物系统产生危害，不仅可导致土壤的退化，农作物产量和品质的降低，还可以通过淋洗作用和径流污染地下水和地表水，致使水文环境恶化，并直接接触食物链而危及人类的生命和健康。根据有关资料报道，全国每年因重金属污染而减产粮食可达1000多万吨，被重金属污染的粮食每年也高达1200多万吨，合计经济损失至少为200亿元。

（三）石油类物质导致土壤、水体污染

废弃钻井液中的石油类物质，其来源主要有两个方面：第一是为了改善钻井液的润滑性能而添加的油基润滑剂；第二是钻进油层时进入到钻井液中的原油。研究表明，水体中的有机烃类物质，会通过水的循环对人和水生动物造成危害，其程度的大小与烃含量成正比，多种废弃钻井液中的石油类含量超标现象严重。

废弃钻井液对土壤的影响表现为：在初期开发过程中，钻井废液中含有的石油类对周边表层土壤有一定影响，但含量随着时间的推移在逐渐降低。研究表明，石油类主要集中分布于土

壤表层 0～10cm 的有限深度内，池底土壤主要是为上层土壤受影响。石油类物质中的多环芳烃具有毒性、致癌性和致畸性，它不仅降低环境质量还会经水生生物富集后危害人体健康，而且可以进入哺乳动物的细胞并经代谢活化成为具有高毒性的代谢产物，也能不可逆转地损坏生物大分子 DNA。

四、水基钻井液污染处理技术概况

目前，国内油田对废弃水基钻井液治理研究主要集中在后期处理上，如直接排放法、就地掩埋法、坑内密封法、脱稳干化场处理法、微生物降解法、固化法及随钻处理等。

（一）直接排放法

直接排放法主要应用于常规的淡水基钻井液。这类废弃钻井液污染物浓度低（如重金属、Cl^- 等含量低），并易于得到环境的自然净化。

这种方法是先自然沉降或机械脱水，再进行化学处理，达到规定指标后直接排放到环境中。该方法的优点是处理工艺简单，方便易行，成本极低，但是由于“无毒、无害”性的界限的限定困难，环境保护部门难以接受，并且其适用范围很窄，难以推广。如图 2－1 所示的废弃水基钻井液直接排放会对井场周围环境造成污染。

图 2－1　废弃水基钻井液直接排放

（二）就地掩埋法

就地掩埋法花费少且操作简便，大多数国家将这种方法应用于工业固体废物的处理。掩埋前选择坑池将废弃钻井液沉降分离，将分离出的上部污水澄清处理，达到规定标准后，就地排放。剩下的泥渣让其自然脱水，风干到一定程度后，即可储存在坑池内，待固相干化后就地填埋。图 2－2 为钻井现场对废弃水基钻井液进行就地掩埋作业。

这种方法适用于水基钻井废液中盐类、有机物质、油、重金属含量很低，并且对储存坑周围地下水污染可能性很小，污染物浓度维持在可接受范围以下的条件。对油类、重金属等含量严重超标的废弃钻井液不能用这种方法处理。

图 2-2　废弃水基钻井液就地掩埋

(三)坑内密封法

坑内密封法又称安全土地填埋法。当废弃钻井液中含有有害成分时,为防止渗透而造成地下水和地表土壤的污染,常采用这种方法。这种方法在普通掩埋法的基础上改进,在储存坑池内设以衬里(图 2-3),再按普通掩埋法操作。这种方法安全性好,是国外有害固体废弃物处理的常用方法。

图 2-3　开挖钻井液池铺设防渗膜进行坑内封存

(四) 脱稳干化场处理法

在干旱地区,可将废弃钻井液先进行脱稳处理后,直接将其存于人造处理场,待水分蒸发或浸出液回收处理后,在自然条件下干化,使体积减小。这种方法需要建设大的储存池,以足够容纳一定范围内钻井产出的废弃钻井液。化学脱稳处理的目的是破坏胶体稳定性,以利于水分渗出和挥发。该方法适用于集中打井或周围井井距近、环境污染控制要求不高的地区。

(五)微生物降解法

微生物降解法是利用微生物将废弃钻井液中长链烃类物质或有机高分子降解成为环境可接受的低分子或气体(如 CO_2),影响微生物降解的因素主要包括温度、溶解氧、pH、氮及微生物活性等，但关键的因素是碳氢化合物的生物降解能力。我国对微生物降解法的研究起步较晚，2008 年 3 月在陕西省科学院酶工程研究所开始改建年产 3000t 废弃钻井液无害化处理专用复合微生物菌剂生产线。

微生物降解法对油类的去除率较高，工艺简单，无二次污染，但因为水基钻井液的成分差别巨大，细菌始终无法具备普遍适用性，难以达到广泛推广的目的，需要针对性的实验选菌，周期和成本无法控制，使得这项技术的现场应用受到一定限制。图 2－4 为某井队工人进行废弃钻井液微生物处理作业。

图 2－4　某井队工人进行废弃钻井液微生物处理作业

（六）固化法

固化法是向废弃钻井液池中加入固化剂，经凝胶、结胶等作用使其转化为像土壤一样的固体（假性土壤），填埋在原处或用作建筑材料等。这种方法能较大程度地封住废弃钻井液中的金属离子和有机物，减少其对土壤的侵蚀，从而减少废弃钻井液对环境的影响，同时又可使废弃钻井液池在钻井过程结束后即能还耕。图 2－5 为某公司在长庆油田某井对废弃钻井液固相进行做砖处理，实现废弃物再利用。

图 2－5　废弃钻井液现场做砖处理

（七）随钻处理

随着钻井环保形势发展和环保要求日益严格，水基钻井废弃物随钻处理已成为钻井环保发展的趋势,国内已在塔里木油田、南方勘探公司、冀东油田及鄂尔多斯大牛地气田等敏感地区示范应用多口井。

废弃钻井液随钻处理也称废弃钻井液“不落地”处理技术,即随钻即时处理废弃钻井液(钻屑),达到“钻井液不落地”要求,减少土地使用量,降低环境污染。该项技术是变“末端治理”为“全过程控制”,将废弃钻井液经过稀释—絮凝—分离成岩屑、泥饼和水三部分,对钻井液中的固体物通过水洗、絮凝分离和化学反应处理,使岩屑和泥饼达到排放标准,钻井液中的有害物质成分和氯离子被吸入水中后,再用真空吸附或挤压方式脱水制成泥饼(图 2-6),同时将离心分离出来的废水经气浮沉淀、过滤系统、反渗透系统进行浓缩处理,处理后达标废水可回用于钻井循环利用(图 2-7)。

图 2-6　废弃钻井液“不落地”无害化处理

图 2-7　污水处理系统

与传统方式相比,此技术不需把井场固体废物拉走集中处理,既节约了拉运费用和处理的场地,又使环保工作更加到位。

中国石化南方勘探公司在 2014 年对其作业的 23 口井进行随钻处理,处理钻井固体废弃物 7633m^3、钻井废水 11772m^3,处理后达到国家二级排放标准。

国内废弃水基钻井液“不落地”处理技术主要应用情况见表 2-1。

表 2-1　国内废弃水基钻井液不落地处理技术应用情况

序号	技术名称	所处阶段	应用区块
1	钻井废弃物随钻处理综合应用技术	现场应用	南方勘探公司
2	钻井废弃液“不落地”无害化处理技术	现场应用	塔里木油田
3	废弃钻井液“不落地”处理剂循环利用	现场应用	大牛地气田
4	废弃钻井液无害化集中处理技术	现场应用	大港油田

废弃钻井液“不落地”处理设备和工艺主要由以下三个单元构成：首先是废弃物收集单元，其通过出砂器、除泥器、离心机等设备将固态的钻井废弃物输送至螺旋输送机组，并在随钻收集钻井废弃物后向下一单元输送。其次是破胶处理单元，其对破胶罐中钻井液废弃物进行加药、脱稳、破胶、絮凝和沉淀，达到固液分离要求后，泵入下一单元。最后是固液分离单元，由隔膜压滤机、泥饼输送机、滤液收集输送装置组成，使废弃钻井液在固液强化分离后含水量不超过20%。每套废弃钻井液“不落地”处理设备的工作效率为 15～20m^3/h，其价格在 350 万元左右。

以大港油田为例，根据大港油田现阶段的生产规模，初步统计年产废弃钻井液 30 × 10^4m^3。从经济性和处理效果两方面考虑，大港油田 120 余口钻井通过 2 组钻井液“不落地”处理队伍即可完成钻井液“不落地”无害化处理。

废弃钻井液随钻处理具有以下 4 个优点：

(1)环保风险最小。钻井过程中的废弃物随钻处理，实现了钻井液“不落地”，彻底消除了废弃钻井液就地掩埋潜在的污染风险。

(2)节约井场用地。采用废弃钻井液“不落地”处理工艺，钻井现场不挖钻井液池，平均每个井场可以节省占地 2 亩左右，同等大小的井场，可多钻 2～3 口井，实现了最大限度地降低用地成本。

(3)废物资源化利用。废弃钻井液经过压滤之后，固相压饼可作为新型建材原料，例如西南油气田安全环保与技术监督研究院的废弃钻井液制免烧砖技术制砖，用于油田基础建设，实现了固体废弃物资源再利用。随钻处理技术节水效果明显，液体达到钻井浅层回用要求，平均每口井节约钻井用水 500m^3。

(4)钻井施工便利化。随钻处理全套设备采用橇装式设计，便于伴随井队一起搬迁，适应了油田勘探开发流动性大的特点，不用挖钻井液池，缩短了钻前准备时间。

第二节　废弃油基钻井液处理技术

一、油基钻井液污染物介绍

油基钻井液因其良好的润滑性、抑制性和热稳定性而得到越来越广泛的应用。油基钻井液主要是由油(柴油和矿物油等)和水(主要为 NaCl 或 $CaCl_2$ 盐水)组成，并添加适量的乳化剂、有机土、润湿剂、降滤失剂和重晶石等形成稳定的油包水乳状液体系，当其在多次钻完井重复利用之后性能恶化，最终因无法使用而成为废弃油基钻井液。废弃油基钻井液含有污油(柴油)、重金属(钡、铬、砷、铅等)、各种化学处理有机物(表面活性剂、乳化剂)、沥青、胺化膨润土、碳酸钙、重晶石、钻屑等污染物。废弃油基钻井液中细小黏土悬浮颗粒、重金属离子、酚类、油、硫化物和可溶性有机处理剂组成的复杂体系具有高度不稳定性、多变性、复杂性和分散性,这些都属于危险废弃物,处理难度较大。

废弃油基钻井液中对环境危害最大的物质是高质量分数的盐溶液和可交换钠离子;其次是油类、有机污染物(如多环芳烃、卤代烃、有机硫化物、有机磷化物、酚类、胺类和醛类等)、可溶性重金属离子(如 Cr^{3+}、Hg^{2+}、Cd^{2+}、Zn^{2+}、Pb^{2+}、Al^{3+} 和 Ba^{2+} 等)、高分子有机物尤其是降解后的小分子有机物、高 pH 值处理剂(如 NaOH、Na_2CO_3 溶液)。其中铬、铅、镉、砷化合物及有机汞的毒性很大,并能在动植物体内蓄积,对人体健康产生长期恶性影响。

废弃油基钻井液对环境的影响主要表现为以下方面:(1)废液中的油类、盐类、某些化学添加剂和某些重金属进入水体后会对地表水以及地下水造成污染。(2)导致土壤板结,对绝大多数植物生长不利,有些被污染的土地甚至寸草不生,使土壤无法进行耕种,造成土地资源大量浪费。(3)滞留于土壤中的各种重金属,会影响多种动植物以及人类的生长、繁殖和健康。

二、废弃油基钻井液处理过程

废弃油基钻井液处理的主要目标是实现废弃物无害化处理和基础油的回收再利用,最重要的技术指标是处理后废弃物中的含油量和油回收效率。其处理过程可大致分为四个步骤:

(1)破乳。用化学剂、声波、机械力或加热等方法破坏废弃油基钻井液中的乳液状态,实现油水分层或蒸发脱离固相。

(2)三相分离。用离心、絮凝、萃取或蒸发冷凝等方法实现油、水、固三相分离。部分处理技术可实现破乳、三相分离同步完成。

(3)净化。分别对各相的物质进行净化,使其洁净度达到可回用或直接排海的程度。

(4)回用。根据净化程度选择各物质的回用方式。

三、废弃油基钻井液污染处理技术概况

国外对废弃油基钻井液处理的研究开始较早,初期比较有代表性的处理技术有固化法、注入地层法、坑内密封填埋法等。这些方法均能有效处理废弃油基钻井液,但并未从根本上消除环境污染的隐患,且对可利用资源造成了浪费。从 20 世纪 90 年代开始,热解析技术因其高效、稳定、可回收油资源等优势逐步取代了部分传统工艺技术,成为目前国际上应用较广的废弃油基钻井液处理技术。

(一)固化法

固化法是将固化剂添加到废弃钻井液中,使其转化为土壤或胶结强度较大的固化体。由于经过固化处理后的固化体具有良好的抗渗透性、机械特性、抗浸出性、抗干湿性、抗冻融等特性,因此这样的固化产物既可直接在安全土地填埋场处置,又可用作建筑基础材料或道路材料。该方法能够大大降低废弃油基钻井液中的金属离子和有机物质对水体、土壤和生态环境的影响和危害。就目前所采用的固化方法来说,有的是通过控制温度、压力和 pH 值,使污染物转入稳定的晶格结构中;或是利用物理手段,将污染物转入惰性材料中;有的则兼有前述两者过程。因此可以认为,固化是一种物理—化学综合过程。

（二）注入地层法

注入地层法是通过井眼将废弃钻井液注入地层或保留在井眼环空中。注入层一般要求地层渗透性较差，压力梯度较低，且上下盖层必须强度高、致密。为了防止地下水和油层被污染，选择合适的安全地层极为关键。该方法在美国近岸及北海布伦特地区曾广泛应用。2003 年，阿联酋 ADCO 公司钻成两口深 1500m 的专门注入处理井，成功地将 70 万桶废弃油基钻井液注入安全环形空间地层。

注入安全地层对地层条件的选择有严格的要求，且并不能彻底消除废弃钻井液的环境危害，对地下水和油层依然存在污染隐患，同时浪费了大量宝贵的矿物油资源。

（三）热蒸馏法

热蒸馏法是一种比较成熟的、具有普遍适用性的能够大规模处理废弃油基钻井液的方法，在世界很多国家都得到应用。这种方法将废弃油基钻井液加入密闭减压系统中，然后对其加热，使油基钻井液和钻屑中的烃类成分挥发，对挥发的烃类进行冷凝回收，回收的油可以重新用作油基钻井液的基油，也可用作燃料或其他用途，固体残渣固化后可用于铺路、建筑等。

北海油田用该方法处理废弃油基钻井液，钻屑的剩余含油量小于 1%，符合当地排放标准，可以直接排放到海洋。

（四）化学破乳法

化学破乳法是在废弃钻井液中加入破乳剂及絮凝剂等化学药剂，从而破坏体系稳定性，使其中的油聚并析出，回收利用。经过破乳、絮凝，废弃油基钻井液分为油、水、废渣三相，其中油可以回收作为基油或燃料，水经过处理或排放或循环利用，废渣经过无害化处理后可用作建筑材料。

化学破乳法处理废弃油基钻井液设备简单，能耗低，条件温和，处理后的油、水、固三相均可实现资源重复利用，具有良好的经济效益，但使用的药剂针对性强，一般不具有普遍适用性。图 2－8 为塔里木油田拜城项目含油废弃物处理经破胶絮凝、气浮、压滤、氧化、多介质过滤后的处理效果。

图 2－8　塔里木油田拜城项目含油废弃物处理效果

（五）焚烧法

焚烧法被认为是一种非常洁净的处理钻井液废弃物的方法。因为在焚烧炉的烟窗内都安置有除尘、回收和气体吸收的装置。回收的油和其他物质可以用于油基钻井液的基液或移作他用，剩余的灰烬可以综合利用，对环境没有不良影响。图2－9为废弃钻井液的焚烧法处理装置。

图2－9 废弃钻井液的焚烧法处理装置

（六）热解析技术

热解析技术的基本原理是通过对废弃油基钻井液进行加热，使液态的水和油蒸发，从而降低废弃物中的油含量，蒸发后的基油可以通过冷凝收集，进行再利用。该方法是将含油钻屑放入圆柱形的旋转蒸馏装置中，加热至大部分液体的蒸发点，使油水蒸发并进行冷凝收集，剩余的钻屑含油量可减少到直接排海的标准。应用该技术处理一口典型井的钻屑总成本约为33万美元。

高温热解成套装置分为三部分：（1）污泥不落地输送系统；（2）污泥高温热解系统；（3）废气环保达标处理系统。其岩屑固废本身与燃料及其火焰完全分隔不接触，岩屑热解脱附区域温度始终处于恒温状态，不存在二噁英问题；二燃室（处理尾气）温度控制在850～1100℃，有效避免氮氧化物（NO_x）产生。本技术工艺的亮点是80%以上的重晶石粉可回收再利用，无害化颗粒物制砖再利用。图2－10为塔里木油田“不落地”热解析工艺装置。

图2－10 塔里木油田“不落地”热解析工艺装置

（七）摩擦热解析技术

传统的热解析技术工艺通常采用线圈加热，需要很大的加热面积，使得系统体积庞大，也耗费了大量热能。摩擦热解析技术工作流程是将废弃油基钻井液放入带有叶片的旋转装置中，转子快速转动使物质间摩擦产生热量，当温度升高到260～300℃时，油相和水相物质挥发，同时得到干燥、清洁的固体。经检验，冷凝回收的油基本恢复了基础油的品质，可以进行再利用。

（八）超临界流体萃取技术

超临界流体是介于气液之间的一种既非气态又非液态的物态，它具有类似气体的较强穿透力和类似于液体的较大密度和溶解度，是一种十分理想的萃取剂。超临界流体萃取技术的基本方法是将废弃油基钻井液与超临界流体混合，将油萃取到超临界流体中，经减压后析出，溶剂可再用于萃取，而萃取出的油也可回收利用。

（九）超声波与化学破乳相结合的技术

应用超声波使废弃油基钻井液实现破乳脱水，并以少量化学破乳剂协助从而提高处理率。超声波破乳脱水的机理是基于油、水等粒子物理性质的不同，在超声波的作用下，油、水等粒子各自集聚，促使乳状结构破坏，加快油水分离。该方法在处理辽河油田废气油基钻井液时效果显著。

（十）除油剂—闪蒸回收技术

除油剂—闪蒸回收技术主要方法为先向废弃油基钻井液中加入除油剂脱除其中的油，通过闪蒸或分馏方式回收除油剂，再向脱除的油中加入除盐剂脱除油中的盐。脱盐机理是：向油中加入与其所含盐类具有相同离子的易溶电解质，使盐类电离平衡逆向移动，再次生成析出盐类物质，实现油类物质的脱盐提纯。

部分油基钻井液处理技术对比见表 2－2，对现阶段废弃油基钻井液的主要处理工艺进行了比较。从总体上看，国内主要处理技术通常具有成本低、占地小等优势，但处理效果较差、环境友好度较弱、对不同钻井液适应性不强；国外主要处理技术的处理效果较好、适应性强，但能耗较高、设备的投入成本较高。

表 2－2　部分油基钻井液处理技术对比

处理技术	除油率，%	优点	缺点	现场应用
热解析技术	99	高效、稳定、适应性强、油品质高	高温、高能耗、占地大	有
基于摩擦的热解析技术	99	高效、稳定、油品质高、占地较少	能耗较高、设备投入高	有
超临界流体萃取技术	98.9	油品质高、萃取剂可回收再用、环境友好	高压、设备投入高、占地大	无
化学反应—强化分离＋无害化处理	90	设备简单、能耗低、成本低	适应性差、环境友好度差	有
超声波与化学破乳相结合的技术	77.8	适应性较强、处理成本较低	只适用含油率较低的钻井液	无
除油剂—闪蒸回收技术	53.4	有效脱盐、设备简单、除油剂可回用	适应性差、处理效果较差	无

四、废弃油基钻井液现场处理过程

废弃油基钻井液随钻“不落地”处理流程如图 2－11 所示。该设备包括三个单元模块：废弃油基钻井液收集模块、废弃油基钻井液固液分离模块、油水分离深度处理模块。

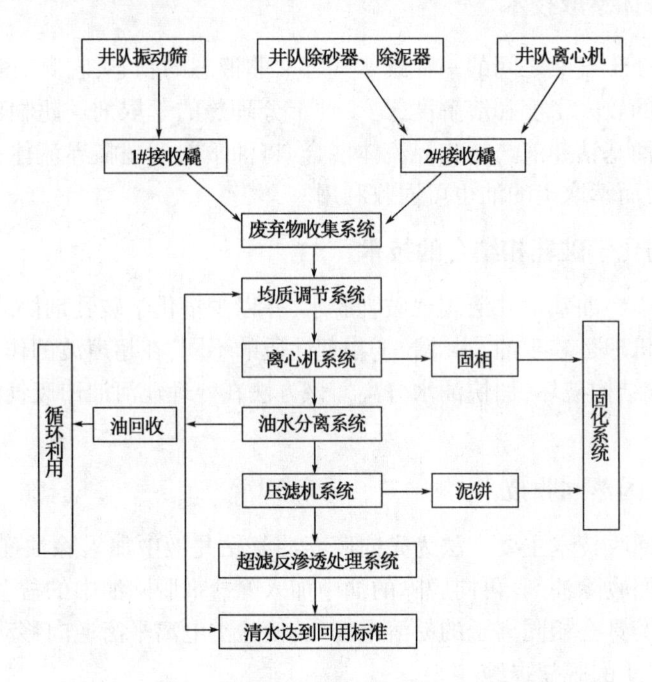

图 2-11　废弃油基钻井液随钻“不落地”处理流程

(一)废弃油基钻井液收集模块

经过岩屑接收橇收集的废弃油基钻井液的岩屑抽入 SL-60 物料输送系统,输送至预处理橇。本模块有:SL-60 物料输送系统、1#接收橇、2#接收橇。

(二)废弃油基钻井液固液分离模块

本模块有均质调节系统、离心机系统。均质调节系统主要由配药系统、加药系统、反应池、离心泵、电路控制柜等组成。该系统主要配制并加入清洗剂,使含油废弃物中大量油分离出来,降低黏度、便于分离。离心机系统主要有高速离心机、螺旋输送机、电路控制柜等组成。

废弃油基钻井液进入高速离心机,分离后的液相进入油水分离深度处理模块;固相进入螺旋输送机,输送至固化系统并运送至井队固化池固化处理。

(三)油水分离深度处理模块

本模块有油水分离系统、超滤反渗透处理系统。油水分离系统主要由油水分离器、收集罐、离心泵、电路控制柜等组成。超滤反渗透处理系统主要由超滤过滤设备、反渗透过滤设备等组成。

油水分离橇分离出的油循环利用,分离出的水进入超滤反渗透处理系统进行精密处理后回到均质调节系统循环使用。图 2-12 为废弃油基钻井液处理流程及效果。该套设备具有工艺合理可靠、处理效果好、结构紧凑高效、运行成本低的特点。在运行过程中经过该设备能将废弃油基钻井液含油率 OOC 降低为 1%;有特殊要求使用生物处理法能将废弃油基钻井液含油率 OOC 降低为 0.3%。

图 2－12　废弃油基钻井液处理流程及效果

第三节　含油钻屑处理技术

一、含油钻屑的产生过程

在钻井过程中,钻井液会经固控设备实现初步的固控分离,其中固体成分为主的废弃物称为钻屑。分离出的钻屑因为储层物性或者钻井液性质而含油,这样的钻屑称为含油钻屑。井场中最常见的含油钻屑是使用油基钻井液而分离出的钻屑。

川渝地区页岩气开发模式常用平台式钻井完井方式,在同一井场按顺序开钻完钻 2 ~ 8 口井,一般上部地层采用水基钻井液,下部地层多为水平段,采用油基钻井液。

页岩气是从页岩层中开采出来的一种非常重要的非常规天然气资源,它是一种以游离或吸附状态藏身于页岩层或泥岩层中的非常规天然气。较常规天然气相比,页岩气开发具有开采寿命长、生产周期长和产气速率稳定的优点,因此近年来页岩气大规模商业开发成为油田的主攻方向。我国页岩气分布广泛,具有很大的开发潜力。随着页岩气开发的进行,由于页岩地层具有易水化膨胀及垮塌堵塞影响产量的特点,因此在进入页岩气产层前需要将水基钻井液替换为油基钻井液钻井,目的是保护油气层,由此在钻井过程中产生了大量的含油钻屑需要进行处理。

在海上石油钻井过程中,若遇复杂地层或需特殊钻井或出现卡钻事故,使用水基钻井液常常不能满足钻井作业的要求。尽管油基钻井液和含油钻井液添加剂的价格高,且为环境保护法律所限制,但在钻大斜度井或遇到水敏地层,或在使用水基钻井液出现卡钻等钻井事故时,仍需要使用油基钻井液或含油钻井液添加剂。

使用油基钻井液或含油钻井液添加剂,以及钻开油层时,必然会产生大量的含油钻屑。若含油钻屑不经处理就排放入海洋,则会对海洋环境造成严重危害,主要危害包括以下方面:

(1)含油钻屑排放入海,钻屑上的部分油类将会从钻屑上分离出来,漂浮在海面上形成海面浮油。海面浮油对海洋环境会造成一系列危害:①油类漂浮在海水水面形成油膜,影响海水与大气的交换,降低海水中的溶解氧,造成海洋生物或海上渔业的巨大损失;②油膜随海风漂流,常常向海湾及旅游风景区漂移,影响海水的颜色与气味,从而影响沿岸渔业、旅游业和工农业生产及生活用水,造成巨大的经济损失或恶劣的社会影响;③油类和它的分解产物中,存在着多种有毒物质(如苯并芘、多环芳烃等),这些物质在海水中被水生生物吸收、富集,然后通过食物链的作用进入人体,危害人体健康;④大面积的海洋浮油还会影响大气循环,危害海洋生态系统,造成难以估计的长期环境效应。

(2)没有从钻屑中分离出来的油类,会随钻屑一起沉入海底,在海底供氧不足的条件下,油类的生物降解十分缓慢,会长期残留在海底。油类在海底的长期残留,会对海洋环境造成长期影响与危害,如影响海底动植物的生长繁殖。此外,沉入海底的钻屑油类会逐步释放,影响海洋生物的生长繁殖,或形成海面浮油而造成多种危害。

二、含油钻屑的组成

油基钻井液含有大量的油类,如柴油、原油、煤焦油、植物油、动物油、合成油、矿物油等,油类物质作为油基钻井液的主要成分其浓度一般为50%~100%。柴油作为油基钻井液的主要组分之一,是含油钻屑的主要环境污染物。

三、含油钻屑的处理技术概况

为了适应海洋环境保护法律法规的要求,减少海上钻井废弃物运输费用及陆上处理费用,国内外各大石油公司纷纷研究和开发就地处理含油钻屑,一些技术已用于现场,一些技术正在开发中。

(一)注入环形空间或安全地层

为了减少含油钻屑对地表环境的污染,将其注入深井地层。同时为了保护地下水和油层,地层的选择也很重要,这种方法对地层条件的选择有着严格的要求,需要大量的资金投入。这种方法可行性仍值得考量,回注对地层的破坏性极大,还存在潜在的污染威胁,因此很多国家都限制或者禁止使用此方法。

(二)直接填埋法

直接填埋法是一种经济易操作的处理方法,这种方法更多应用于城镇固体废弃物的处理中。填埋前先将含油钻屑通过沉降分离、机械脱液等处理,之后将液体成分单独处理,达到标准后直接排放,将剩下的钻屑部分通过自然脱水风干后存储在坑池中,待固化后就地填埋。

这种方法对周围环境影响较小,但是对含油钻屑的来料质量要求很高,仅适用于含油钻屑中油、重金属、盐类等成分含量很低的情况。若含油钻屑中油、重金属、水体有机物等含量较高,就不能采用该方法,否则非但不能达到处理效果,还极有可能对周边环境造成严重破坏,污染周边土壤与地表水。

为了防止含油钻屑等物质泄漏污染地下水和周边土壤环境,该方法在普通填埋坑内设计衬里,在底部和四周添加固化层以防泄漏。该方法安全性好,是国内外城市有害固体废弃物常见的处理方法。

(三)填埋冷冻法

在比较寒冷的地方,废弃钻井液和含油钻屑可以注入冻土层,将这些废弃物永久地冷冻在冻土层中,这样就不会发生迁移造成环境的污染。在美国阿拉斯加州的北斜坡地区曾使用该方法,在该地区通过使用废弃物处理设备已成功地将1908000m^3钻井废弃物注入609.6m深的地下冷冻层,并跟踪了它的潜在污染情况,结果发现非常理想。虽然钻井废弃物具有一定的温度,注入冷冻层后对里面的温度有影响,但是这个影响很微弱,不会使冷冻层的冷冻物融化,相反可以将废弃物永久冷冻起来而不让其发生迁移。但采用该方法处理钻井废弃物受地域限制较明显。

(四)土地耕作法

此方法是将废弃的含油钻屑按一定比例与自然土壤混合,达到稀释含油钻屑中有害成分的目的(例如含油量),可以有效直接降解其中的有机物。

(五)脱稳干化场处理法

此方法是将含油钻屑先进行脱稳处理后,直接将其存放于处理厂,待液体成分蒸发或浸出回收后自然干化。同直接填埋相比,此方法最大的优点就是处理量大且废弃物脱水迅速。但是此方法仅适用于干旱地区,需要建设大处理池,且仅适用集中打井或周围井井距近、环保要求不高的地区。这些条件都表明此方法并不适合川渝等地区。

(六)焚烧法

通过焚烧法可以去除含油钻屑中的有毒物质和油成分,起到杀菌氧化等功能,同时可以回收部分能量和副产品。该方法将含油钻屑集中到专业的处理站焚烧再固化填埋,可以起到较好的处理效果。焚烧法处理含油钻屑时通常伴随着大量的废气排放,废气中常含有二噁英、呋喃等剧毒物质,若控制不当将会对空气造成严重的污染,形成对环境的二次伤害。在焚烧过程中,钻屑还会产生飞灰、炉渣和烟气。研究表明,在焚烧的灰渣中,尤其是飞灰具有极高的危险性,属于危险废弃物,处置不当容易污染周围水体、土壤、空气,还会对附近动物造成呼吸道伤害。我国已禁止此方法的使用。

(七)微生物法

经驯化后的烃类降解菌能够有效地降解石油烃类。将废弃油基钻井液及含油钻屑与适量海水混合,再加入无机营养,在适宜的温度和 pH 值范围内,并在充氧条件下进行生物处理。实验表明,这种微生物在 24h 内能够把含油钻屑中 72.5% 的油分吞食掉。这种方法大多用于陆地处理油基钻井液废弃物和含油钻屑,方法要求筛选降解力强的菌种,在可控密闭环境中培养、驯化菌样,再接种到废弃物中,达到油类的降解,从而达到清除油污染的目的。

(八)萃取法

采用萃取法对含油钻屑进行清洗,将油类萃取出来,然后采用溶剂闪蒸、重新冷凝等方法收集,回收的油类可再次用于配制油基钻井液,实现资源的循环利用。

萃取法本身对环境具有二次污染可能性,通常采用的溶剂中均含有苯类等有毒物质,一旦泄漏会对环境造成严重污染。同时萃取法所需设备通常体积较大,占地广,投入大,例如四川威远某在建处理站设备占地约 900m^2,初期投资约 3亿元,处理设备租用费超过 1亿元/年,回收成本可能性几乎为零。

(九)集中处理—加热蒸馏处理含油钻屑

用罐收集含油钻屑,并将钻屑运输到远离现场的集中处理中心,利用工业锅炉对钻屑进行高温加热,蒸发掉钻屑内的液体,再冷凝和油水分离,收集有用的油,排放无用的水。其缺点是需要远距离运输,成本高。

(十) 钻屑清洗技术

用海水或添加了表面活性剂的海水冲洗含油钻屑,使含油钻屑的含油量降低,以便达标排海。

(十一) 离心分离法

将含油钻屑进行离心分离,降低含油钻屑的含油量,以便达标排海。经过离心分离处理后,含油钻屑的含油量可从15%降低到3%。

(十二)含油钻屑无害化处理技术

含油钻屑无害化处理技术利用甩干机机械外力清除含油钻屑表面的游离态油类物质,将含油钻屑含油率减少到5%以下;高效除油剂有效降低钻屑的表面张力,清除钻屑表面大部分吸附的油类物质;石油微生物降解含油钻屑内部的油类物质,使有机化合物逐步降解成CO_2、H_2O及其他小分子无机物,通过对甩干机机械除油处理工艺、高效除油剂化学处理技术和石油微生物处理技术进行科学设计、合理配比,最终使钻屑含油率降低到2%以下,使处理后的含油钻屑达到GB 4914—2008的排放标准。

思考题

一、选择题

1. 废弃钻井液的种类包括(　　)。
   A. 水基钻井液　B. 油基钻井液　C. 泡沫钻井液　D. 以上都包括
2. 废弃水基钻井液污染环境的主要成分有(　　)。
   A. 有机烃类　B. 无机盐类　C. 重金属　D. 以上都包括
3. 无机盐对土壤造成的危害有(　　)。
   A. 使土壤矿化度降低　B. 减缓土壤盐碱化程度
   C. 使土壤硬板结　D. 为土壤提供肥料
4. 下列不属于自然排放法特点的是(　　)。
   A 成本低　B. 处理方法简单
   C. 不用经过任何处理可直接排放　D. 需要经过自然沉降或机械脱水
5. 坑内埋存法处理废弃钻井液为保证不污染环境,应对埋坑进行(　　)处理。
   A. 铺设防渗衬里　B. 砌水泥墙
   C. 钻井液脱水后埋存　D. 以上都可以
6. 下列(　　)处理废弃钻井液最满足环保要求。
   A. 固化法　B. 坑内埋存　C. 随钻处理　D. 微生物法
7. 油基钻井液对环境影响最大的成分是(　　)。
   A. 高质量分数的盐溶液和可交换钠离子　B. 油类
   C. 有机烃类　D. 重金属离子

8. 下列不属于热解析技术处理废弃油基钻井液缺点的是(　　)。

A. 设备投入高　　B. 高温　　C. 高能耗　　D. 占地大

9. 含油钻屑的主要环境污染物是(　　)。

A. 柴油　　B. 矿物油　　C. 原油　　D. 合成油

10. 离心分离法处理含油钻屑,可将含油率降低至(　　)。

A. 1%　　B. 2%　　C. 3%　　D. 4%

二、判断题

1. 钻井液不加处理直接排放在井场的处理方式称为直接排放法。(　　)

2. 脱稳干化场处理法适用于集中打井或周围井井距近、环境污染控制要求不高的地区。(　　)

3. 微生物降解法对油类的去除率较高,工艺简单,无二次污染,但细菌无法具备普遍适用性,限制了该方法的推广和使用。(　　)

4. 废弃钻井液随钻处理与传统方式相比,不需把井场固体废物拉走集中处理,节约了拉运费用和处理的场地。(　　)

5. 废弃水基钻井液污染物中没有油类。(　　)

6. 热解析技术处理废弃油基钻井液可以将80%以上重晶石回收再利用。(　　)

7. 焚烧法处理废弃钻井液产生的浓烟会污染环境。(　　)

8. 对于含油、含重金属的钻屑可采取自然脱水风干固化后就地填埋的方式进行处理,以减少对环境的污染。(　　)

9. 含油钻屑回注地层是一种安全无危害的废物处理方式。(　　)

10. 经含油钻屑无害化处理工艺处理后的钻屑含油率为零。(　　)

三、简答题

1. 解释废弃水基钻井液"不落地"处理工艺的含义及设备组成。

2. 废弃水基钻井液处理方式有哪些?

3. 废弃油基钻井液处理方式有哪些?

4. 含油钻屑的处理方式有哪些?

5. 查找相关文献,说明我国各油田废弃钻井液处理现状及先进处理工艺。

参考文献

[1] 陈澈. 论述含油钻屑处理技术[J]. 科技创新与应用, 2012(5Z):18.

[2] 李学庆,杨金荣,尹志亮,等. 油基钻井液含油钻屑无害化处理工艺技术[J]. 钻井液与完井液, 2013, 30(4):81-83.

[3] 许期聪,李茂生,郑伟,等. 油基钻井液相关的现场废弃物处理技术及设备探讨[C]. 环保钻井液技术及废弃钻井液处理技术研讨会,2014.

[4] 刘建,蒲晓林,吴文兵. 油田钻井废弃物处理技术概况[J]. 内蒙古石油化工, 2011, 37(23):86-88.

[5] 刘瀚吾. 钻井液废液对环境的影响分析和处理[J]. 科技传播, 2013(4):210-214.

[6] 黄海,屈展,周立辉,等. 废弃钻井液重金属检测及其污染性评价[J]. 陕西师范大学学报(自然科学版), 2012, 40(5):52-55.

第三章 压裂与酸化返排液处理技术

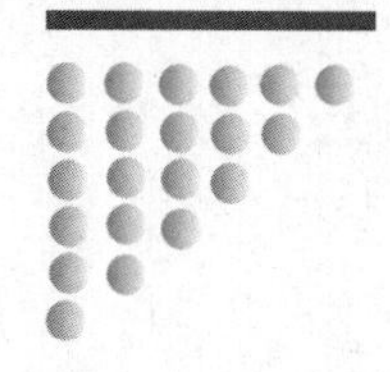

压裂作业与酸化作业是油气井增产的主要措施之一,现已普遍被各个油田采用。压裂施工后产生的返排液具有"三高"的特点,即高 COD 值、高稳定性、高黏度;酸化施工后的返排液具有低 pH 值、高 COD 值、高矿化度以及含有大量生成垢的离子。这些返排液如不经过处理而直接返排,则会对环境造成严重的污染,且与我国提倡的绿色发展、和谐发展背道而驰。因此,如何有效地治理在油气田开采过程中产生的压裂与酸化返排液,对油气田可持续开采具有重要的意义。本章通过分析压裂液与酸化液基本组成入手,阐述压裂与酸化作业后返排液的危害,引出压裂液与酸化液返排液处理技术。

第一节 压裂液与酸化液的组成

一、压裂液组成

压裂液提供了水力压裂施工作业的手段,但在影响压裂成败的诸因素中,压裂液及其性能极为重要。对大型压裂来说,这个因素就更为突出。使用压裂液的目的有两方面:一是提供足够的黏度,使用水力尖劈作用形成裂缝使之延伸,并在裂缝沿程输送及铺设压裂支撑剂;二是在压裂完成后,压裂液迅速化学分解破胶到低黏度,保证大部分压裂液返排到地面以净化裂缝。

压裂液是一个总称,由于在压裂过程中,注入井内的压裂液在不同的阶段有各自的任务,所以可以分为:

(1)前置液。它的作用是破裂地层并造成一定几何尺寸的裂缝以备后面的携砂液进入。在温度较高的地层里,它还可起一定的降温作用。前置液的用量有时高达总液量的30%~40%。

(2)携砂液。它起到将支撑剂(砂子)带入裂缝,并将砂子放在预定位置上去的作用。在总液体中这部分占的比重很大。携砂液和其他压裂液一样,都有造缝及冷却地层的作用。

(3)顶替液。打完携砂液后,要用顶替液将井筒中全部携砂液替入裂缝中。

根据压裂不同阶段的需要,压裂液可能是一种以上性质的液体,其中还有用于不同目的的添加剂。对于占总液量绝大部分的前置液和携砂液都应具备一定的造缝能力并使压裂后的裂缝壁面及填砂裂缝有足够的导流能力，这样它们必须满足下列条件：

(1)滤失少。这是造长缝、宽缝的主要性能指标。压裂液的滤失性主要取决于它的黏度与造壁性。黏度高，则滤失量降低。

(2)悬浮能力强。悬浮和携带支撑剂到新的裂缝构造，悬浮支撑剂的能力与压裂液的黏度和成胶后的冻胶强度有关。

(3)摩阻低，可保证较高的设备效率。

(4)热稳定性及剪切稳定性好。在地层温度和较高的剪切速率下，压裂液不发生热降解和剧烈的机械降解，保证黏度不会大幅度下降。

(5)压裂液注入地层后，不会引起地层渗透率能力永久性的伤害。要求压裂液中不溶性物含量少，残渣量低。

(6)与地层和地层流体相配伍，不发生黏土膨胀或产生沉淀而堵塞地层，与地层液体不形成乳状液。

(7)完成压裂施工后，易返排，不引起滞留伤害。

(8)易获得，经济合理，易输送、储存，使用安全。

为达到压裂液上述性能指标，通常根据压裂施工设计要求在压裂液中添加各种添加剂，如控制流体滤失的添加剂和减阻剂、增黏剂、表面活性剂、黏土防膨剂、杀菌剂等。

目前国内外使用的压裂液有很多种，主要有水基压裂液、油基压裂液、泡沫压裂液和醇基压裂液等。其中水基压裂液和油基压裂液应用比较广泛。常用各类压裂液及其应用条件见表3-1。

表3-1　各类压裂液及其应用条件

压裂液基液	压裂液类型	主要成分	应用对象
水基压裂液	线型	HPG、TQ、CMC、HEC、CMHPG、CMHEC、PAM	短裂缝、低温
	交联型	交联剂+HPG，HEC或CMHEC	长裂缝、高温
油基压裂液	线型	油、胶化油	水敏性地层
	交联型	交联剂+油	水敏性地层、长裂缝
	O/W乳状液	乳化剂+油+水	适用于控制滤失
泡沫压裂液	酸基泡沫	酸+起泡剂+N_2	低压、水敏性地层
	水基泡沫	水+起泡剂+N_2或CO_2	低压地层
	醇基泡沫	甲醇+起泡剂+N_2	低压存在水锁的地层
醇基压裂液	线性体系	胶化水+醇	消除水锁
	交联体系	交联体系+醇	

注：HPG—羟丙基瓜尔胶；HEC—羟乙基纤维素；TQ—田菁胶；CMHEC—羧甲基羟乙基纤维素；CMHPG—羧甲基羟丙基瓜尔胶。

(一)水基压裂液

水基压裂液是以水作溶剂或分散介质，向其中加入稠化剂、添加剂配制而成的。水基压裂液配液过程大概分三种：(1)水+添加剂+稠化剂→溶胶液；(2)水+添加剂+交联剂→交联液；(3)溶胶液+交联液→水基冻胶压裂液。

水基压裂液添加剂对压裂液的性能影响非常大，不同添加剂的作用不同。水基压裂液添加剂主要包括：稠化剂、交联剂、破胶剂、缓冲剂、杀菌剂、黏土稳定剂、表面活性剂、降阻剂、降滤失剂和温度稳定剂等。掌握各种添加剂的作用原理，正确选用添加剂，可以配制出物理化学性能优良的压裂液，保证顺利施工，减小对油气层的伤害，达到既改造好油气层，又保护好油气层的目的。

1. 稠化剂

压裂液在压裂过程中需要一定的黏度，这就需要添加一些能够增加水相黏度的物质，就是稠化剂，一般是一些水溶性的聚合物。在现场应用过程中主要采用三种水溶性聚合物作为稠化剂，即植物胶（瓜尔胶、田菁、魔芋等）、纤维素衍生物及合成聚合物。这几种高分子聚合物在水中溶胀成溶胶，交联后形成黏度极高的冻胶，具有黏度高、悬砂能力强、滤失低、摩阻低等优点。目前国内外使用的含有稠化剂的水基压裂液分以下几种类型：天然植物胶压裂液，包含如瓜尔胶及其衍生物羟丙基瓜尔胶、羟丙基羧甲基瓜尔胶、延迟水化羟丙基瓜尔胶；多糖类的半乳甘露糖胶（如田箐及其衍生物）、甘露聚葡萄糖胶；纤维素压裂液，包含如羧甲基纤维素、羟乙基纤维素、羧甲基—羟乙基纤维素等；人工合成聚合物压裂液，包含聚丙烯酰胺、部分水解聚丙烯酰胺、甲叉基聚丙烯酰胺及其共聚物。

2. 交联剂

交联反应是金属或金属络合物交联剂将聚合物的各种分子联结成一种结构，使原来的聚合物分子量明显地增加。通过化学键或配位键与稠化剂发生交联反应的试剂称为交联剂。

前面介绍的用稠化剂来提高溶液黏度，通常称为线型胶。线型胶存在两方面的问题：

(1) 要增加黏度就得增加聚合物浓度。

(2) 上述稠化剂在环境温度下产生的黏稠溶液随着温度增加而迅速变稀（图 3－1）。增加用量可以克服温度影响，但这种途径是昂贵的。

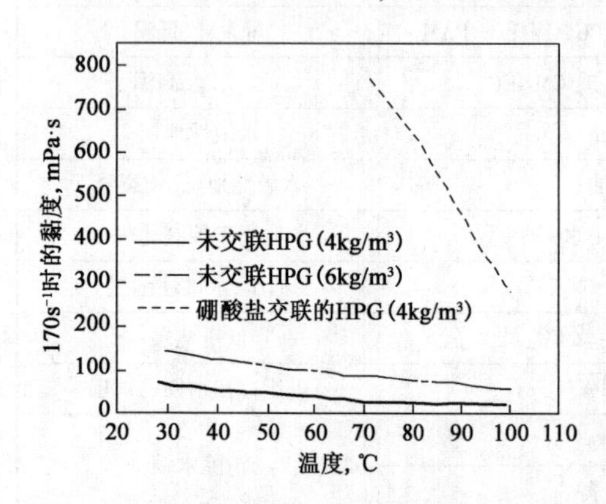

图 3－1　温度和交联剂对 HPG 溶液黏度的影响

使用交联剂明显地增加了聚合物的有效分子量，从而增加了溶液的黏度。交联剂的发展，消除了用线型胶进行高温深井压裂施工所引起的许多问题。例如，通常成功地进行一口井的压裂施工，需要 9.586～11.983kg/m^3 聚合物，才能产生所需黏度，但在这种浓度的溶液中加入支撑剂和分散降滤失添加剂比较困难。

20 世纪 50 年代末已经具备形成硼酸盐交联冻胶的技术，但是直到瓜尔胶在相当低的 pH 值条件下用锑酸盐（以后用钛酸盐和锆酸盐）可交联形成交联冻胶体系以后，交联压裂液才得到普遍应用。20 世纪 70 年代中期，由于各种各样的配制水和各类油藏条件的成功压裂，均可采用钛酸盐交联冻胶体系，所以该交联冻胶体系得到普遍应用。尽管钛酸盐交联冻胶应用较广，但此类交联冻胶极易剪切降解。

此外还开发了许多其他交联剂系列，例如锆、铝、铜及锰。下面介绍几种常用的交联体系。

1) 硼交联剂

常用的硼交联剂有硼砂（$Na_2B_4O_7$）、硼酸（H_3BO_3）、有机硼。

交联条件：pH＞8，以 pH 为 9～10 最佳。适用于温度低于 150℃油气层压裂。

用硼交联的水基冻胶压裂液黏度高，黏弹性好，但在剪切和加热时会变稀，交联快（小于10s），交联作用可逆，管路摩阻高，上泵困难。

硼酸盐交联的压裂液以较低的成本得到广泛的应用。当前，多达75%的压裂施工作业是用硼酸交联压裂液实现的。

由于用硼酸盐交联提高了黏度，降低了聚合物使用浓度和压裂液成本，破胶后留在缝内的残渣也相应减少。

2）钛、锆交联剂

针对高温深井压裂，过渡金属交联剂得到发展，由于钛和锆化合物与氧官能团（顺式—OH）具有亲和力，有稳定的+4价氧化态以及低毒性，因而使用最普遍。

自20世纪70年代以来国外推出钛冻胶和锆冻胶等新的冻胶体系，以适应高温深部地层的压裂。国外高温地层普遍采用有机钛交联剂，包括正钛酸四异丙基酯、正钛酸双乳酸双异丙基酯、正钛酸双乙酰丙酮双异丙基酯等。

三乙醇胺钛酸异丙酯中的三乙醇胺具有丰富的羟基，一方面提供了钛酸酯进行碱性水解生成钛酸根阴离子所需的碱性环境，另一方面三乙醇胺上的羟基干扰聚糖上的羟基与钛络合而使交联作用延缓。

三乙醇胺钛酸酯是含非离子型半乳甘露聚糖植物胶良好的高温交联剂。非离子型半乳甘露聚糖植物胶水溶液浓度0.4%～1%，三乙醇钛酸酯用量0.05%～0.1%，pH值7～8。冻胶耐温150～180℃，井温超过150℃无须使用破胶剂，井温低于150℃，应适当降低钛酸酯用量。与硼配盐配合使用，选用延迟破胶剂破胶。

与硼砂相比，有机钛交联剂的优点是用量少，交联速度易控制，交联后冻胶高温剪切稳定性好，适用范围较宽。缺点是价格昂贵，并且在使用中可能发生水解而降低活性。

无机钛交联剂，如$TiCl_4$、$TiOSO_4$、$Ti(SO_4)_2$、$Ti_2(SO_4)_2$等既可在碱性条件下（pH值为9～12）交联半乳甘露糖或它的改性产物，又可在酸性条件下交联PAM和HPAM，生成黏弹性良好的冻胶。它的另一优点是破胶后残液可作为黏土防膨剂。一般常用的无机锆是氧氯化锆$ZrOCl_2$。

锆冻胶压裂液具有高温下胶体稳定性好的特点，可用于200～210℃地层压裂，具有高黏度、低摩阻、无残渣、破胶残液有防黏土膨胀作用等优点。在酸性条件下作PAM交联剂，破胶后可用为黏土防膨剂。在碱性条件下可与半乳甘露糖交联，是优秀的高温深井压裂液新体系。

钛、锆化合物与聚合物之间形成的键具有好的稳定性，形成的冻胶压裂液对剪切敏感，高剪切可使过渡金属交联液不可逆降解。

3）铝、锑交联剂

铝交联剂有明矾、铝乙酰丙酮、铝乳酸盐、铝醋酸盐等。为了活化铝交联剂，常添加无机酸或有机酸，将pH值调到6以下，交联的压裂液在80℃以上仍很稳定。

有机锑交联剂与田菁胶交联形成非常黏的压裂液，对支撑物悬浮和携带能力好，压裂液的pH值在3～5范围内，只适用于80℃以内油气层压裂。

3. 破胶剂

使黏稠压裂液可控地降解成能从裂缝中返排出的低黏液体，并使冻胶压裂液破胶水化的试剂称为破胶剂。理想的破胶剂在整个液体和携砂过程中，应维持理想高黏，一旦泵送完毕，液体立刻破胶化水。

目前,适用于水基交联冻胶体系的破胶剂有四类:氧化破胶剂、潜在酸酶破胶剂、破胶剂、胶囊破胶剂。

1)氧化破胶剂

氧化破胶剂通过氧化交联键和聚合物链使交联冻胶破胶,主要有过硫酸铵、过硫酸钾、高锰酸钾(钠)、叔丁基过氧化氢、过氧化氢、重铬酸钾等。这些化合物可产生[O],使植物胶及其衍生物的缩醛键氧化降解,使纤维素及其衍生物在碱性条件下发生氧化降解反应。氧化反应依赖于温度与时间,并在多种 pH 范围内有效。

这些氧化破胶剂适用温度为54~93℃,pH 范围在3~7。当温度低于50℃,这些化合物分解慢,释放氧缓慢,必须加入金属亚离子作为活化剂,促进分解。在温度100 ℃以上,这些化合物分解太快,快速氧化造成破胶速率不可控。因此要根据油气层温度及要求的破胶时间慎重选用氧化破胶剂。氧化破胶剂适用于130℃以内。

2)酶破胶剂

常用的酶破胶剂有淀粉酶、纤维素酶、胰酶、蛋白酶。淀粉酶可使植物胶及其衍生物降解,纤维素酶可使纤维及其衍生物降解。酶的活性与温度有关,在高温下活性降低,适用于21~54℃的油气层,pH 值在3.8~8 的范围,最佳 pH 为5。

酶在适用温度(60℃以内)下,可以将半乳甘露聚糖的水基冻胶压裂液完全破胶,并且能大大降低压裂液的残渣。但是现场使用酶破胶剂不方便,酸性酶对碱性聚糖硼冻胶的黏度有不良影响。植物胶杀菌剂会影响酶的活性,降低酶的破胶作用。

目前人们也对各种压裂液在较宽使用温度范围内的聚合物专用酶开展了研究。

3)潜在酸破胶剂

甲酸甲酯、乙酸乙酯、磷酸三乙酯等有机酯以及三氯甲苯、二氯甲苯、氯化苯等化合物在较高温度条件下能放出酸,使植物胶及其衍生物、纤维素及其衍生物的缩醛键在酸催化下水解断键,适用温度为93℃以内的油气层。

通常,潜在酸破胶剂的作用是逐渐改变压裂液 pH 值到一定范围,在此范围内压裂液不稳定,发生水解或聚合物的化学分解。用于破胶剂的大部分酸是缓慢溶解的有机酸,当它们溶解时便影响溶液 pH 值,要求 pH 值变化的速率由初始缓冲液浓度、油藏温度和酸液的浓度所决定。由于酸性能的变化(如消耗于储层岩石的酸溶性矿物),所以用酸作为水基交联压裂液破胶剂并不普遍。

4)胶囊破胶剂

胶囊破胶剂应用的最新发展是氧化剂中的胶囊包制技术(延迟破胶技术)。在胶囊包制的过程中,固体氧化剂用一种惰性膜包起来,然后膜层降解或慢慢地被其携带液所渗透,而将氧化剂释放到压裂液中。研究表明,使用胶囊破胶剂大大地提高了氧化破胶的适用性和有效性。

4.缓冲剂

通常压裂液中使用缓冲剂是为了控制特定交联剂和交联时间所要求的 pH 值。典型的缓冲剂有碳酸氢钠、富马酸、磷酸氢钠与磷酸钠的混合物、苏打粉、醋酸钠及这些化学剂的组合物。它们也能加速或延缓某些聚合物的水合作用。缓冲剂另一个更重要的功能是保证压裂液处于破胶剂和降解剂的作用范围内。前面已提到,某些破胶剂在 pH 值超出一定范围时就不起作用。使用缓冲剂,即使是因地层水或其他原因的污染而有改变 pH 的趋势时,它仍能保持 pH 范围不变。

5. 杀菌剂

微生物的种类很多,分布极广,繁殖生长速度很快,具有较强的合成和分解能力,能引起多种物质变质,如可引起瓜尔胶、田菁、植物溶胶液变质。常用的杀菌剂包括重金属盐类、有机化合物类、氧化剂类和阳离子型表面活性剂类。

(1)重金属盐类杀菌剂。重金属盐类离子带正电荷,易与带负电荷的菌体蛋白质结合,使蛋白质变性,有较强的杀菌作用,如:

$$蛋白质—SH + Hg^{2+} \longrightarrow 蛋白质—S—Hg—S—蛋白质$$

铜盐(硫酸铜)可以使细菌蛋白质分子变性,还可以和蛋白质分子结合,阻碍菌体吸收作用。

(2)有机化合物类杀菌剂。酚、醇、醛等是常用的杀菌剂,如甲醛有还原作用,能与菌体蛋白质的氨基结合,使菌体变性。

$$R—NH_2 + CH_2O \longrightarrow R—NH_2 \cdot CH_2O$$

(3)氧化剂类杀菌剂。高锰酸钾、过氧化氢、过氧乙酸等能使菌体酶蛋白质中的巯基氧化成—S—S—基,使酶失效。

$$2R—SH + 2X \longrightarrow R—S—S—R + 2XH$$

(4)阳离子型表面活性剂类杀菌剂。新洁尔灭(1227),化学名十二烷基二甲基苄基溴化铵,高度稀释时能抑制细菌生长,浓度高时有杀菌作用。它能吸附在菌体的细胞膜表面,损害细胞膜。

碱性阳离子与菌体羧基或磷酸基作用,形成弱电离的化合物,妨碍菌体正常代谢,扰乱菌体氧化还原作用,阻碍芽孢的形成,如:

$$P—COOH + B^+ \longrightarrow P—COOB + H^+$$

另一方面,阳离子型表面活性剂能使油气层岩石转变成油润湿,使油的相对渗透率平均降低 40% 左右。因此,除注水井外,最好不要使用阳离子型表面活性剂类杀菌剂。

6. 黏土稳定剂

能防止油气层中黏土矿物水化膨胀和分散运移的试剂叫作黏土稳定剂。砂岩油气层中一般都含有黏土矿物,砂岩油气层黏土含量较高,水敏性较快,遇水后水化膨胀和分散运移,堵塞油气层,降低油气层的渗透率。因此,在水基冻胶压裂液中必须加入黏土稳定剂,防止油气层中的黏土矿物的水化膨胀和分散运移。

目前国内外在水基冻胶压裂液中使用的黏土稳定剂主要有两类:一类是无机盐如 KCl、NH_4Cl 等;另一类是有机阳离子聚合物如 TDC、A-25 等。

7. 表面活性剂

表面活性剂(主要是非离子型和阴离子型表面活性剂)在压裂液中的应用很多,如降低压裂液破胶液的表面张力和界面张力,防止水基压裂液在油气层中乳化,使乳化液破乳,配制乳化液和泡沫压裂液等,推迟或延缓酸基压裂液的反应时间,使油气层砂岩表面水润湿,提高洗油效率,改善压裂液的性能等。

1)润湿剂

固体表面上的一种流体被另一种流体所取代的过程叫润湿。能增强水或水溶液取代固体表面另一种流体能力的物质叫润湿剂。

压裂液中常用的润湿剂主要是非离子型表面活性剂，如 AE1910、OP－10、SP169、796A、TA－1031 等，它们能将亲油砂岩润湿为亲水砂岩，有利于提高油的相对渗透率。

2）破乳剂

油井进行水基压裂时，水基压裂液与地层原油能够形成油水乳状液。由于原油中天然乳化剂附着在水滴上形成保护膜，使乳状液具有较高稳定性。乳状液的黏度能从几个毫帕秒到几千个毫帕秒不等。如果在井眼附近产生乳化，就可能出现严重的生产堵塞。

加入某些表面活性剂可以达到防乳破乳的目的。加入的表面活性剂能强烈地吸附于油水界面，顶替原来牢固的保护膜，使界面膜强度大大降低，保护作用减弱，有利于破乳。

常用的油水乳状液的破乳剂多为胺型表面活性剂，特别是以多乙烯多胺为引发剂，用环氧丙烷多段整体聚合而成的胺型非离子型表面活性剂，相对分子质量大有利于破乳，例如 AE1910、HD－3、JA－1031。

3）助排剂

（1）液阻与助排。液阻效应是指液珠通过毛细孔喉时变形而对液体流动发生阻力效应。加入表面活性后，水溶液的表面张力降低到 30mN/m 左右，含有表面活性剂溶液的液珠变形通过砂岩粒间的毛细孔时，对流体产生的阻力效应较小，因此，添加表面活性剂的压裂液易返排，可以减少对油气层的伤害。

（2）常用的助排剂。常用的助排剂有非离子型含氟表面活性剂、非离子型聚乙氧基胺、非离子型烃类表面活性剂、非离子型乙氧基酚醛树脂、乙二醇含氟酰胺复配物。理想的助排剂应具有对油气层的良好润湿性和减小油气层毛细管压力的特性。压裂液助排剂的加量一般为 0.1%～0.15% 较好。

4）消泡剂

配液时加入稠化剂、表面活性剂和大排量循环，会产生大量气泡，给配液带来困难，因此，配液时必须加入消泡剂。常用的消泡剂有异戊醇、斯盘－85、二硬酯酰乙二胺、磷酸三丁酯、烷基硅油。烷基硅油的表面张力很低，容易吸附于表面，在表面上铺展，是一种优良的消泡剂。

8. 降阻剂

压裂液黏度增加，管道摩阻和泵的功率损失也增加。为了有效地利用泵的效率，降低压裂液摩阻是非常必要的。

降阻剂在水基压裂液中降阻的原理是抑制紊流。水中加入少量高分子直链聚合物（如聚丙烯酰胺）能减轻和减少液流中的漩涡和涡流，因而抑制紊流，降低摩阻。如果水中加入适量的聚合物降阻剂，可使泵送摩阻比清水摩阻减少 75%。

水基压裂液常用降阻剂有聚丙烯酰胺及其衍生物、聚乙烯醇（PVA）。植物胶及其衍生物和各种纤维素衍生物也可以降低摩阻。

9. 降滤失剂

水基压裂液常用降滤失剂。粒径为 0.045～0.17mm（320～100 目）的粉砂、粉陶、柴油、轻质原油和压裂液中的水不溶物都可以防止流体滤失。5% 柴油完全混合分散在 95% 水相交联的高黏度冻胶中，它是一种很好的降滤失剂。5% 柴油降低水基压裂液滤失的机理有：两相流动阻止效应、毛细管阻力效应和贾敏效应产生的阻力。

10. 温度稳定剂

温度稳定剂用来增强水溶性高分子胶液的耐温能力，以满足不同地层温度、不同施工时间对压裂液的黏度与温度、黏度与时间稳定性的要求。冻胶压裂液的耐温性主要取决于交联剂、增稠剂品种以及体系中各添加剂的合理搭配，温度稳定剂仅为辅助剂。常用的温度稳定剂有硫代硫酸钠、亚硫酸氢钠、三乙醇胺、Tween20 等。

(二)油基压裂液

油基压裂液是以油作为溶剂或分散介质，与各种添加剂配制成的压裂液，可分为稠化油压裂液和油基冻胶压裂液。

1. 稠化油压裂液

将稠化剂溶于油中配制而成的油基压裂液称稠化油压裂液。常用的稠化剂有以下两类：

1) 油溶性活性剂

常用的油溶性活性剂主要是脂肪酸盐(皂)，即

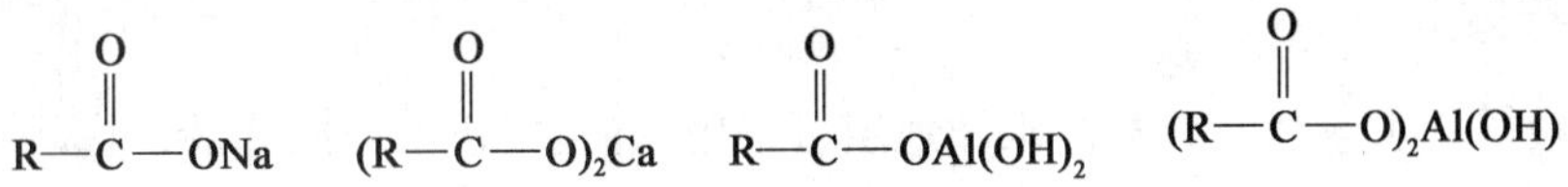

$$\mathrm{R{-}\overset{\overset{\displaystyle O}{\|}}{C}{-}ONa}\qquad \mathrm{(R{-}\overset{\overset{\displaystyle O}{\|}}{C}{-}O)_2Ca}\qquad \mathrm{R{-}\overset{\overset{\displaystyle O}{\|}}{C}{-}OAl(OH)_2}\qquad \mathrm{(R{-}\overset{\overset{\displaystyle O}{\|}}{C}{-}O)_2Al(OH)}$$

其中脂肪酸根的碳原子数必须大于 8，加量为 0.5% ~1.0%(质量分数)。另一类是铝磷酸酯盐，其分子结构式见图 3 -2，其中 R、R′是烃基，$m=1\sim3$，$n=2\sim0$，$m+n=3$，加量为 0.6% ~1.2%(质量分数)。目前普遍采用的是铝磷酸酯与碱的反应产物，这类稠化剂在油中形成“缔合”，将油稠化。

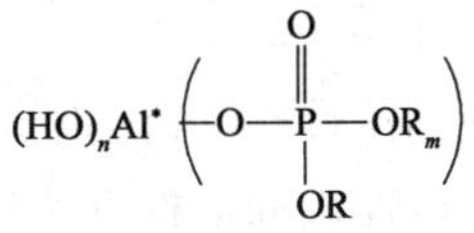

$$\mathrm{(HO)_nAl^{\cdot}\left(O{-}\overset{\overset{\displaystyle O}{\|}}{\underset{\underset{\displaystyle OR}{|}}{P}}{-}OR\right)_m}$$

图 3 -2 铝磷酸酯盐分子结构式

2) 油溶性高分子

这类物质当浓度超过一定数值，就可在油中形成网络结构，使油稠化，主要有聚丁二烯、聚异丁烯、聚异戊二烯、α -烯烃聚合物、聚烷基苯乙烯、氢化聚环戊二烯、聚丙烯酸酯。

2. 油基冻胶压裂液

油基冻胶压裂液的配制方法如下：

(1) 原油(成品油) + 胶凝剂 + 活化液⟶溶胶液；(2) 水 + $NaAlO_2$⟶活化液；(3) 溶胶液 + 活化液 + 破胶剂⟶油基冻胶压裂液。

目前国内外普遍使用的油基压裂液胶凝剂主要是磷酸酯，其分子结构如图 3 -3 所示。

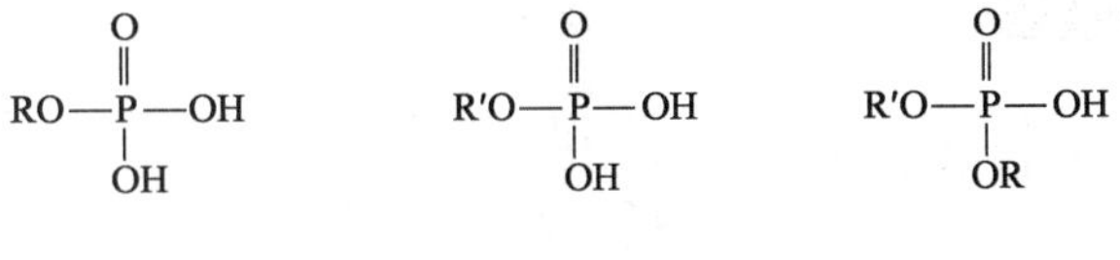

$$\mathrm{RO{-}\overset{\overset{\displaystyle O}{\|}}{\underset{\underset{\displaystyle OH}{|}}{P}}{-}OH}\qquad \mathrm{R'O{-}\overset{\overset{\displaystyle O}{\|}}{\underset{\underset{\displaystyle OH}{|}}{P}}{-}OH}\qquad \mathrm{R'O{-}\overset{\overset{\displaystyle O}{\|}}{\underset{\underset{\displaystyle OR}{|}}{P}}{-}OH}$$

图 3 -3 磷酸酯的分子结构

其中，R 为 $C_1\sim C_8$ 的烃基，R′为 $C_6\sim C_{18}$ 的烃基。有机脂肪醇与无机非金属氧化物五氧化二磷

生成的磷酸酯均匀混入基油中,用铝酸盐进行交联,可形成磷酸酯铝盐的网状结构,使油成为油冻胶。

油基冻胶压裂液中常用的交联剂有 Al^{3+}(如铝酸钠、硫酸铝、氢氧化铝)、Fe^{3+}以及高价过渡金属离子。

常用的破胶剂有碳酸氢钠、苯甲酸钠、醋酸钠、醋酸钾。

磷酸酯铝盐油基冻胶压裂液是目前性能最佳的油基压裂液。其黏度较高,黏温性好,具有低滤失性和低摩阻。它需要用较大量的弱有机酸盐进行破胶,适用于水敏、低压和油润湿地层的压裂。

(三)泡沫压裂液

泡沫压裂液是一个大量气体分散于少量液体中的均匀分散体系,由气相、液相、表面活性剂、泡沫稳定剂和其他化学添加剂组成。泡沫压裂液必须含有足够的增黏剂、表面活性剂和泡沫稳定剂等添加剂以形成稳定的泡沫体系。泡沫直径常小于0.25mm。泡沫压裂工艺是低压、低渗、水敏性地层增产、增注以及完井投产的重要而有效的措施。

1. 气相

泡沫压裂液的气相一般为氮气或二氧化碳。目前最常用的是氮气。

2. 液相

液相一般采用水或盐水。对高水敏地层可采用原油、凝析油或精炼油,对碳酸盐地层可用酸类。

3. 表面活性剂

表面活性剂(发泡剂)的作用是在气、液混合后,使气体呈气泡状均匀分散在液体中形成泡沫。因此表面活性剂不仅影响泡沫的形成和性质,而且对压裂的成功与否至关重要。

常用的表面活性剂可分为:

(1)阴离子型表面活性剂。常用的阴离子型表面活性剂有硫酸酯和磺酸酯,如正十二烷基磺酸钠。

(2)阳离子型表面活性剂。阳离子型表面活性剂多数是用胺化物,如十六烷基三甲基溴化铵和季铵盐氯化物。

(3)非离子型表面活性剂。非离子型表面活性剂的适用范围最广,与其他各种添加剂相容性都较好,但形成的泡沫质量和稳定性较差。

4. 泡沫稳定剂

泡沫压裂液属于热力学不稳定体系。需要加入稳定剂以改善泡沫体系的稳定性。泡沫稳定剂多为高分子化合物,如CMC、CMS、HEC、聚丙烯酰胺等。

二、酸液的组成

(一)常用酸液种类及性能

1. 盐酸

我国的工业盐酸是以电解食盐得到的氯气和氢气为原料,用合成法制得氯化氢气体,再溶解于水得氯化氢水溶液即盐酸液。工业盐酸浓度为31%~34%(质量分数)。

纯盐酸是无色透明液体,当含有 $FeCl_3$ 等杂质时,略带黄色,有刺激性臭味。盐酸是一种强酸,它与许多金属、金属氧化物、盐类和碱类都能发生化学反应。盐酸处理的主要优点:由于盐酸对碳酸盐岩的溶蚀力强,反应生成的氯化钙、氯化镁等盐类能全部溶解于残酸水,不会产生沉淀;酸压时对裂缝壁面的不均匀溶蚀程度高,裂缝导流能力大;加之成本较低。因此,目前大多数仍是使用盐酸处理,近年来特别是使用28%左右的高浓度盐酸处理。

盐酸处理的主要缺点:与石灰岩反应速度快,特别是高温深井,由于地层温度高,盐酸与地层作用太快,因而处理不到地层深部。此外,盐酸会使金属坑蚀成许多麻点斑痕,腐蚀严重;H_2S 含量较高的井,盐酸处理易引起钢材的氢脆断裂。为此,碳酸盐地层的酸化也试用了其他种类的酸液。

2. 氢氟酸

氢氟酸(HF)是氟化氢的水溶液,有无水纯酸或40%~70%的水溶液,工业上一般选用浓度为40%氢氟酸。氟化氢是一种无色、恶臭有毒气体。氢氟酸在酸化时一般和盐酸混合使用,俗称土酸,用于砂岩地层的酸化。虽然氢氟酸可以溶蚀砂岩中的石英、长石以及蒙脱石等黏土矿物,但实际上它是不能单独使用的。因为任何砂岩地层都含有一定的碳酸钙(镁)或其他碱金属盐类,它们与氢氟酸反应生成 CaF_2、MgF_2 和其他沉淀,使地层渗透率降低,因而通常采用 HCl—HF 这一土酸体系对砂岩进行酸化。盐酸在土酸中的另一作用是使土酸在一定时间内保持一定的 H^+ 浓度以充分发挥氢氟酸对砂岩的溶蚀。

土酸中,氢氟酸浓度有一高限,超出该限后,氢氟酸对砂粒和黏土溶蚀率下降,还可能在地层中产生新的沉淀或者由于大量胶结物的溶蚀以致基质崩解、砂粒脱落,对地层造成新的伤害。土酸通常用氟化铵(NH_4F)、氟化氢铵($NH_4F \cdot HF$)按适当比例与盐酸混合而成。

3. 甲酸和乙酸

甲酸又名蚁酸(HCOOH),无色透明液体,易溶于水,熔点为8.4℃。我国工业甲酸的浓度为90%以上。

乙酸又名醋酸(CH_3COOH),无色透明液体,极易溶于水,熔点为16℃。我国工业乙酸的浓度为98%以上。因为乙酸在低温时会凝成像冰一样的固态,故俗称为冰醋酸。

甲酸和乙酸都是有机弱酸,它们在水中只有小部分离解为氢离子和酸根离子,即离解常数很低(甲酸离解常数为 2.1×10^{-4},乙酸离解常数为 1.8×10^{-5},而盐酸离解常数接近于无穷大)。因此,它们的反应速度比同浓度的盐酸要慢得多。所以,只有在高温达120℃以上的深井中,盐酸液的缓速和缓蚀问题无法解决时,才使用它们酸化碳酸盐岩层。甲酸比乙酸的溶蚀能力强,售价较便宜,如果使用,最好用甲酸。

甲酸或乙酸与碳酸盐作用生成的盐类,在水中的溶解度较小。所以,酸处理时采用的浓度不能太高,以防生成甲酸或乙酸钙镁盐沉淀堵塞渗流通道。一般甲酸液的浓度不超过10%,乙酸液的浓度不超过15%。

4. 多组分酸

所谓多组分酸,就是一种或几种有机酸与盐酸的混合物,如乙酸—盐酸、甲酸—盐酸、甲酸—氢氟酸等。19世纪60年代初,国外一度采用这种多组分酸来缓速,取得显著效果。这些酸液多适用于高温地层,既考虑到盐酸成本低,又利用有机酸在高温下的缓蚀和缓速作用。酸岩反应速度依氢离子浓度而定。因此当盐酸中混掺有离解常数小的有机酸(甲酸、乙酸、氯乙酸等)时,溶液中的氢离子数主要由盐酸的氢离子数决定。根据同离子效应,极大地降低了有机酸的电离程度,因此当盐酸活性耗完前,甲酸或乙酸几乎不解离,盐酸活性耗完后,甲酸或乙酸才进而离解起溶蚀作用。所以,盐酸在井壁附近起溶蚀作用,甲酸或乙酸在地层较远处起溶蚀作用,混合酸液的反应时间近似等于盐酸和有机酸反应时间之和,因此可以得到较长的有效距离。

5. 固体酸

酸化用固体酸主要有氨基磺酸和氯乙酸。固体酸呈粉状、粒状、球状或棒状,以悬浮液状态注入注水井以解除铁质、钙质污染。与盐酸比较,固体酸具有使用和运输方便、有效期长、不破坏地层孔隙结构、能酸化较深部地层等优点。氨基磺酸在85℃下易水解,不宜用于高温。其酸化和水解反应如下:

$$FeS + 2NH_2SO_3H \longrightarrow (NH_2SO_3)_2Fe + H_2S\uparrow$$

$$CaCO_3 + 2NH_2SO_3H \longrightarrow (NH_2SO_3)_2Ca + CO_2\uparrow + H_2O$$

$$NH_2SO_3H + 2H_2O \longrightarrow NH_3 \cdot H_2O + 2H^+ + SO_4^{2-}$$

对于存在铁质、钙质堵塞,又存在硅质堵塞的注水井,可以采用固体酸和氟化氢铵交替注入法以消除污染。氨基磺酸可以作为酸敏性大分子凝胶的破胶剂,具有延缓破胶的作用。氯乙酸酸性比氨基磺酸强且耐高温,使用时其质量分数可达36%以上。其水解反应如下:

$$CH_2ClCOOH + H_2O \longrightarrow HCl\uparrow + CH_2OHCOOH$$

与氯乙酸特点相近的还有芳基磺酸,如苯磺酸、邻(间)甲苯磺酸、乙基苯磺酸及间苯二磺酸等。它们使用时浓度大于35%,甚至可达50%(质量分数)以上。

6. 其他无机酸

(1)硫酸。硫酸浓度比盐酸高,酸化反应产物硫酸钙为微细颗粒悬浮在残酸中返排出来。

(2)碳酸。碳酸可以溶蚀碳酸盐,其酸岩反应如下:

$$CaCO_3 + H_2CO_3 \longrightarrow Ca(HCO_3)_2$$

该产物溶于水。碳酸可用于注水井酸化。

(3)磷酸。磷酸是中等强度酸,$K_a = 7.5 \times 10^{-3}$(25℃),其酸岩反应如下:

$$CaCO_3 + 2H_3PO_4 \longrightarrow Ca(H_2PO_4)_2 + CO_2\uparrow + H_2O \text{(反应物包括硫化物或} Fe_2O_3\text{)}$$

由于多元酸一般为弱酸,因此,磷酸比盐酸酸岩反应速度慢得多。H_3PO_4和反应产物$Ca(H_2PO_4)_2$形成缓冲溶液。酸液pH值在一定时间内保持较低值(pH≤3),使其自身成为缓速酸,且对二次沉淀有抑制作用。磷酸适合于钙质含量高的砂岩油水井酸化,也可以同氟化氢铵或氟化铵混合对砂岩油水井进行深部酸化。

(二)酸液的添加剂

酸处理时要在酸液中加入某些化学物质,以改善酸液的性能和防止酸液在地层中产生有害的影响,这些化学物质统称为添加剂。常用添加剂的种类有缓蚀剂、缓速剂、稳定剂、表面活性剂等,有时还加入增黏剂、减阻剂、暂时堵塞剂、破乳剂、杀菌剂等。

1. 缓蚀剂

在酸处理时,由于盐酸直接与储罐、压裂设备、井下油管、套管接触,特别是深井井底温度很高，而所用的盐酸又比较浓时，便会给这些金属设备带来严重的腐蚀。如果不加入有效的缓蚀剂，不但会使设备损坏，缩短使用寿命，甚至造成事故，而且因盐酸和钢铁的反应产物被挤入地层，造成地层堵塞而降低酸处理效果。其反应如下：

$$2HCl + Fe \longrightarrow FeCl_2 + H_2 \uparrow$$

$FeCl_2$易溶于水，但当酸液浓度降低到一定程度后，$FeCl_2$水解生成 $Fe(OH)_2$，其反应如下：

$$FeCl_2 + 2H_2O \longrightarrow Fe(OH)_2 \downarrow + 2HCl$$

$Fe(OH)_2$是絮凝状沉淀，很难把它排出地层，对渗流的影响极大。为此必须解决防腐问题。

国内外对盐酸的缓蚀问题进行了大量的研究、试验工作，提供了许多种类的缓蚀剂。综合起来主要可分为两大类：

(1)无机缓蚀剂，如含砷化合物(亚砷酸钠 $NaAsO_3$、三氯化砷 $AsCl_3$)等。

(2)有机缓蚀剂，如吡啶类(我国的“7461-102”主要成分即为烷基吡啶，“7623”主要成分为2－烷基吡啶，“7701”主要成分为氯代苄基吡啶，“4502”主要成分为氯代烷基吡啶等)、炔醇类(美国的 A-130、A-170 主要成分即为丙炔醇 $CH_2OHC \equiv CH$，还有我国的丁炔二醇 $CH_2OHC \equiv COHCH_2$、己炔醇等)、醛类(甲醛 HCHO 等)、硫脲类(我国的“苦丁”，主要成分即为邻二甲苯硫脲等)、胺类(苯胺和乌洛托品的缩合物)。

2. 铁离子稳定剂

在油气田酸化施工中，高浓度的酸溶液在搅拌酸液和泵注过程中会溶解设备和油管表面的铁化合物，尽管加入了一定的缓蚀剂，但对管壁的腐蚀和铁垢的溶解仍不可能完全避免。酸液还可能与地层中含铁矿物和黏土矿物(如菱铁矿、赤铁矿、磁铁矿、黄铁矿和绿泥石等含铁成分)作用而使溶液中有 Fe^{3+} 和 Fe^{2+} 存在。根据研究可知，残酸 pH 值越高，产生铁沉淀物所需铁离子浓度越低。通常，残酸 pH 值大于 2，就需考虑加入铁离子稳定剂。

为了防止残酸中产生铁沉淀，可以在酸液中加入多价络合剂或还原剂。前者是通过稳定常数大得多价络离子与 Fe^{3+} 或 Fe^{2+} 生成极稳定的络合物；而后者使 Fe^{3+} 还原成 Fe^{2+} 以防止 $Fe(OH)_3$ 沉淀产生。除此之外，还可以在酸液中加入 pH 值控制剂来防止或减少铁沉淀的产生。

在选择络合剂时要考虑残酸中可能存在的 Fe^{3+} 的量、施工后关井的时间、使用的温度范围、络合剂与钙盐发生沉淀的趋势等，以确定络合剂的种类、用量并核算成本。

(1)pH 值控制剂。控制 pH 值的方法是向酸液中加入弱酸(一般使用的是乙酸)，弱酸的反应非常慢以至于 HCl 反应完后，残酸仍维持低 pH 值，低 pH 值有助于防止铁的二次沉淀。

(2)络合剂。络合剂是指在酸液中能与 Fe^{3+} 形成稳定络合物的一类化学剂。应用最多的是能与 Fe^{3+} 形成稳定五元环、六元环和七元环螯合物的螯合剂，以羟基羧酸和氨基羧酸为主。常用的络合剂有柠檬酸、乙二胺四乙酸(EDTA)、氮川三乙酸、二羟基马来酸、δ－葡萄糖内酯以及它们的复配物。

(3)还原剂。使用还原剂是防止氢氧化铁沉淀生成的另一途径。主要的还原剂有亚硫酸、异抗坏血酸及其钠盐。其中异抗坏血酸还适合胶凝酸体系，它可抑制 Fe^{3+} 与胶凝剂的交联反应。目前，在国外异抗坏血酸被认为是最有效的铁离子稳定剂。美国道威尔公司的 L58 即以异抗坏血酸为主要成分。

3. 表面活性剂

酸液中加入表面活性剂，其作用是多方面的，主要是：(1)酸液中加入活性剂，可以降低酸液和原油之间的界面张力，从而减少毛管阻力，既可使酸液容易进入地层，降低挤入压力，又有利于残酸液的返排。(2)在酸液中加入表面活性剂(水包油型类乳化剂)，可以抵消原油中含有的天然乳化剂(石油酸等)的作用，使可能形成的油包水型乳化液发生转向，在转向过程中破乳，用于此目的的活性剂称为破乳剂。

常用的破乳剂有：阴离子型表面活性剂，如烷基磺酸钠($R—SO_3Na$，代号 AS)、烷基苯磺酸钠($R-C_6H_4-SO_3Na$，代号 ABS)等；非离子型表面活性剂，如聚氧乙烯辛基苯酚醚($R-C_6H_4-(CH_2CH_2O)_nH$，代号 OP)等。

在酸液中加入表面活性剂后，由于它们被岩石表面吸附，使岩石具有油湿性。岩石表面被油膜覆盖后，阻止了 H^+ 向岩面传递，降低酸岩反应速度。用于此目的的表面活性剂称为缓速剂或称延效剂。常用的缓速剂有阴离子型的烷基磺酸盐(如 AS、ABS 等)、烷基磷酸盐等。

由于岩石并不全是碳酸盐，酸液溶解不掉的黏土、淤泥等杂质颗粒会从原来的位置上松散下来，形成絮凝团，这些团块移动并可能聚集，以致堵塞地层孔隙，因此应设法使杂质颗粒悬浮在酸液中，随残酸返排出地层。在酸液中加入表面活性剂后，由于表面活性剂可以被杂质颗粒表面所吸附，从而使杂质保持分散状态而不易聚集。用于此目的的表面活性剂称为悬浮剂。常用的悬浮剂是阴离子型表面活性剂，如烷基磺酸盐等。

由此可见，表面活性剂在酸液中的作用多种多样，一种表面活性剂可以同时起到几种作用。国内外最常用的表面活性剂为阴离子型的烷基磺酸盐、烷基苯磺酸盐及非离子型的聚氧乙烯基醇醚等，常用的浓度一般为 0.1%~3%。

4. 黏土防膨剂

黏土防膨剂是用来抑制酸化施工中可能引起的黏土矿物的膨胀和运移，提高酸化效率。黏土防膨剂稳定黏土和微粒的作用机理为吸附在被稳定的矿物表面。常用的黏土防膨剂为带多个电荷的阳离子、季铵盐表面活性剂、聚胺、聚季胺和有机硅等。

5. 其他添加剂

(1)暂堵剂：在进行分层酸化或选择性酸化时，需要暂时封堵已酸化(或高渗透)的地层，达到酸化另一低渗透层的目的。为此将暂堵剂添加于酸液中，随液流进入高渗透层段，可将高渗透层的孔道暂时堵塞起来，使以后泵注的酸液进入低渗透层段起溶蚀作用。国外采用的暂堵剂为膨胀性聚合物(聚乙烯、聚甲醛、聚丙烯酰胺、瓜尔胶等)、膨胀性树脂、萘等。这些暂堵剂也可起到减少酸液沿裂缝壁面漏失的作用，所以也可作为酸压时的减漏剂。

(2)减阻剂：为了降低酸处理过程中的摩阻，就需要添加一些能够起到润滑作用的减阻剂。常用的减阻剂一般为直链的天然和人造聚合物，如聚丙烯酰胺、瓜尔胶等，它们不仅具有减阻作用，还有适当提高酸液黏度、降低酸液反应速度等作用。

(3)助排剂：在酸液中加入助排剂降低了酸液与原油间的界面张力，增大了接触角，从而减小了毛细管阻力，又促进了酸液的返排。常用的助排剂有聚氧乙烯醚和含氟表面活性剂、阴离子—非离子两性表面活性剂和含氟表面活性剂的复配体系，如 Halliburton 公司的含氟聚醚季铵盐 ENWSR-288、四川石油管理局天然气研究所的 CT5-4 助排剂等。

(4)消泡剂：由于酸中加有表面活性剂类添加剂，产生泡沫，造成配酸液时泡沫从罐车顶端入口溢出。一方面腐蚀设备，另一方面配不够体积，施工时会造成抽空，排量不够。这些都会影响酸化效果。为此在酸液中需加入消泡剂。

(5)抗渣剂：酸与某些原油接触时将在油酸界面形成酸渣。使用高浓度的酸(20%或更高)时此问题更严重。酸渣一旦形成，使之再溶解于原油中是困难的。最终，酸渣聚结在地层并降低其渗透性。阳离子型表面活性剂和阴离子型表面活性剂可防止酸渣的生成，它们吸附在油酸界面并作为一连续的保护层。另外，降低酸浓度也可抑制酸渣的生成。常用的抗渣剂有中石油勘探开发研究院廊坊分院的RES、FK-1，Dowell公司的W35，BJ Services公司的NE-32等。

第二节　压裂与酸化返排液的处理

一、压裂与酸化返排液的产生

(一)压裂作业的原理和废压裂液的产生

首先在地面采用高压大排量的泵，利用液体传压的原理，向油层注入大于油层吸收能力压力的压裂液，然后逐渐升高井筒内压力，从而在井底产生高压。当此压力大于井壁附近的地应力和地层岩石的抗张强度时，井底附近地层便会产生裂缝，然后继续注入带有支撑剂的携砂液，裂缝随之继续延伸同时填以支撑剂，关井后裂缝闭合在支撑剂上，在井底附近地层内形成填砂裂缝，通过其一定的高导流能力和几何尺寸的特性，达到增产增注的目的。其中的裂缝延伸及悬浮支撑剂的溶液又称为压裂液，在压裂施工完成后返排到地面的废液(压裂液)便是当前油田水体重要污染源之一的废压裂液。

(二)酸化作业的原理和废酸液的产生

通过向地层或井筒注入酸液，溶解储层岩石矿物成分及钻井、完井、修井和采油等作业过程中造成堵塞储层及井筒附近的物质，改善和提高储层的渗透性，从而提高油气井的产能。在酸化施工完成后返排到地面的废液(酸化液)也是当前油田水体重要污染源之一。

二、压裂与酸化返排液的危害

(一)压裂和酸化施工中的污染环节

压裂施工大致可分“摆车→循环→试压→试挤→压裂→加沙→替挤”七个步骤，酸化施工大致可分“摆车→循环→试压→试挤→替挤”五个步骤，其中的污染环节主要有以下两方面：

1. 溢漏污染

(1)起下管柱及井下工具所带出地面的液体；
(2)配液车混合配压裂液和酸化液时，从搅拌罐中溢出到地面的液体；

(3)注液、循环管线接口不牢引起的渗漏；

(4)井口密封不严产生的渗漏及高压井的喷溢。

2. 返排液污染

(1)返排液遗留井场；

(2)施工剩余的废液。

(二)压裂和酸化返排液对环境的影响

压裂和酸化返排液主要是压裂和酸化施工后剩余压裂液、酸化液及从井口返排出的废液，成分复杂，含有原油、地层水等有毒有害物质。压裂和酸化返排液中石油类、水体有机物、悬浮物、氨氮超标严重，这些污染物如不经处理直接排入环境，将会给环境造成一定的危害。

1. 对水环境的影响

压裂和酸化返排液的组成比较复杂，由于压裂和酸化液体系的不同，各类压裂和酸化返排液的组成差别也比较大。这些返排液如处置不当会给水环境造成污染，一方面压裂和酸化返排液中的污染物可能渗入地下水，从而影响地下水质；另一方面返排液因雨水冲刷，随地表径流进入河流而污染地表水体。

2. 对土壤环境的影响

压裂和酸化返排液中的重金属元素在土壤中比较稳定，不易去除，但其淋溶下渗缓慢，对地表水和植物体系不会产生明显影响。落地原油对土壤理化性质不会产生明显影响，但随着土壤中添加石油量的增加，速效磷、速效钾的含量降低，土壤肥力将有所下降。此外，压裂和酸化返排液中的各种污染组分还会对植被、农作物造成不同程度的污染。外排的返排液还可能对陆生野生动植物产生一定的影响，进而危害人体健康。

三、压裂和酸化返排液特点

(一)压裂返排液的特点

针对返排液的主要源头调查认为，其主要是由残余的压裂液和洗井的废水两个部分所组成。总的来说，压裂返排液主要具有下特点：

(1)压裂返排液成分复杂、化学药剂种类繁多、含量大，主要是高浓度瓜尔胶、高分子聚合物等化学药剂，同时含有 SRB 菌、硫化物等，总硫含量在 20mg/L 左右，氯离子及以铁为主的重金属离子含量也相对较高。

(2)压裂返排液黏度大、乳化程度高、静沉出水困难。由于压裂所用为复合型压裂液，乳化严重，放出的返排液乌黑、黏稠，具有明显的糊焦味和瓜尔胶变质的气味，搅拌时产生大量的泡沫，静沉出水困难。

(3)处理难度大。悬浮物是常规含油污水处理中最难达标的项目，压裂返排液组分的复杂性及其性质的独特性决定了其处理难度更大。压裂返排液中不仅有机物和石油类污染物质含量高，而且较其他废水而言黏度大。通常情况下，水在 20℃ 的黏度约为 1.0mPa · s，而压裂返排液的黏度是水的 3 ~ 10 倍，这是压裂返排液难于处理的主要原因。

（二）酸化返排液的特点

油、水、气井的近井地带堵塞通常采用酸化技术进行解堵，有些井在压裂前需要进行酸化预处理。普通的油水井在酸化处理时，单井酸化液用量较低，约为 $20m^3$，而水井和气井酸化液用量则很高。虽然不同油田酸化返排液的水质各异，但又都有以下相同的特性：

1. 含各种有机物

油井酸化返排液中含有多种原油有机成分以及各种化学药剂，化学需氧量高。酸化返排液化学需氧量一般大于 500mg/L，特别是胶凝酸等酸化废水的化学需氧量达到 3×10^4mg/L以上，其水体有机物的去除难度较高，且工艺、设备复杂，成本过高，难以推广应用。

2. 矿化度高

油井酸化返排液矿化度最低也在 1000mg/L 以上，最高可达 1.4×10^4mg/L，如渤海油田酸化返排液矿化度为 1.1×10^4mg/L，高矿化度会加速腐蚀速度。

3. 含油量高

一般水相酸化返排液中含油量均在 1000mg/L 左右，大于现场所要求的外排含油量的标准。

4. 含微生物

酸化返排液中常见微生物有硫酸盐还原菌、铁细菌、腐生菌，均为丝状菌，多数污水中细菌含量为 $10^3 \sim 10^4$个/mL，有的高达 10^8个/mL。细菌大量繁殖不仅腐蚀管线，而且还造成地层严重堵塞。

5. 含有大量生成垢的离子

酸化返排液中含有 HCO_3^- 以及 Ca^{2+}、Mg^{2+}、Ba^{2+}、Cr^{3+} 等生成垢的离子。

6. 悬浮物含量高

酸化返排液中悬浮物含量高，颗粒细小，容易造成地层堵塞。

另外，部分油井酸化返排液中还含有 S^{2-}。

四、压裂和酸化返排液处理方法

如果将压裂和酸化返排液直接外排或就地掩埋将会对周围环境尤其是农作物及地表水系造成污染。返排液处理目的主要是达标排放和回用。回用方向包括用作复配压裂液和处理后回注。将返排液处理后回用作复配压裂液和酸化液，不但有效解决了环境污染问题，而且解决了复配液水源问题，特别在一些水资源缺乏的开采区域具有非常重要的经济和社会意义。为使返排液达到排放和回用的要求，对于压裂和酸化作业的返排液的处理技术主要有物理处理技术、化学处理技术、生物处理技术等。

（一）物理处理技术

1. 固化法

固化法是利用一定的化学添加剂（固化剂）使压裂返排液失稳脱水，固化剂与压裂返排液中的水发生剧烈的水化反应,与有机物及固相颗粒交联絮凝,形成固相—固化剂—水的水化絮凝体系,通过自凝胶和包结络合作用,转变成不可逆的常态体系。

通过大量的探索实验,筛选出对固化处理酸化废水有明显效果的廉价无机固化剂为 G 级油井水泥、石灰,以粉煤灰作为填料。

水泥熟料几乎是完全结晶的,主要由硅酸三钙、硅酸二钙、铝酸三钙及铁铝酸四钙等四种化合物组成。水泥固化反应过程由快速水化阶段、诱导阶段、水化反应加速阶段、水化反应减缓阶段、扩散阶段组成。水泥水化最终产生大量的水化硅酸钙凝胶、水化硫铝酸钙和氢氧化钙等,并充满整个水化体系,水化产物之间聚集形成网状结构,并越来越紧密,从而使整个体系形成一定强度。与此同时酸化废水中的有害物质也不断被稳定、封闭、包裹。在固化过程中,由于水泥具有较高的 pH 值,使得废水中的重金属离子在碱性条件下,生成难溶于水的氢氧化物或硅酸盐等。某些重金属离子也可以固定在水泥基体的晶格中,从而可以有效防止重金属等的浸出。

石灰的主要成分是氧化钙,它可以与水反应生成氢氧化钙,吸收一部分水。石灰具有较高的 pH 值,能与酸化废水中的酸发生中和作用。以粉煤灰等为填料,基于粉煤灰中含有的活性氧化铝和二氧化硅,能与石灰和废物中的水反应,经凝结、硬化,最终形成具有一定强度的固化体,进而达到包容废物的目的。

粉煤灰属于火山灰材料,其结构大体上可认为是非晶型的硅铝酸盐,其玻璃体是由富钙连续相和富硅连续相组成的具有分相结构的联结致密的整体。其分相玻璃体结构决定了粉煤灰只具有潜在的水化活性,在石灰等激活剂的激发下才可能水化。同时粉煤灰能与水泥水化产生的 $Ca(OH)_2$ 及所投加的石灰产生的 $Ca(OH)_2$ 起二次反应生成 O—Si 凝胶,不仅使混凝相中游离 $Ca(OH)_2$ 相对减少,而且使固化物越加密实,从而增加固化物的后期强度。

固化法具有成本低、可覆土还耕等优点,但固化所用时间较长,固化后的固化块较大,难以处置且固化处理过程中需要使用主凝剂、助凝剂、催化剂等,处理过程较为复杂。针对以上的不足,国内外展开了大量的研究,大庆油田有限责任公司研制了以质量分数为 1%~26% 的聚合氯化铝(PAC)、5%~20% 的高钙灰、10%~30% 的生石灰、5%~70% 的硅酸铝、0.3%~60% 的磷石膏和 0.5%~15% 的元明粉为组成的复合固化剂,对完井废压裂液进行固化处理,取得了较好的处理效果,解决了油气田开发生产过程中产生的大量完井废压裂液的无害化处理的问题。

2. 吸附法

吸附法是利用吸附剂(通常为多孔介质的粉末或颗粒,如活性炭)与压裂返排液相混合,使其中的一种或多种污染物被吸附在多孔物质表面而除去。吸附剂是决定吸附强弱的关键,一般使用吸附能力极强、能脱色除臭的活性炭颗粒,它对水中微量有机污染物、无机污染物均具有良好的吸附能力。活性炭具有比表面积大、微孔结构丰富和吸附容量高等特点,目前已广泛应用于分离、提纯和催化工艺。活性炭的吸附性能由其物理性质(比表面积和孔结构)和化学性质(表面化学性质)共同决定。在实际应用中,通常是先将压裂液进行氧化处理,然后再进行吸附。国内学者采用双氧水氧化与活性炭吸附的方法处理川中酸化废水(微电解处理之后),实验结果表明,该法能有效降低废水中污染物含量,水体有机物去除率可达 90% 以上。

(二)化学处理技术

1. 中和法

中和法主要针对酸化返排液。酸化返排液的 pH 较低,会腐蚀处理设备或管道等。在酸化返排液中加入碱性物质作为中和剂,与酸化返排液发生中和反应,使 pH 调升到 7 左右。此外,还有可能将一部分杂质和悬浮物等沉降去除,使 COD 有所降低,以降低后续处理难度。常用的中和剂有 CaO、NaOH、Na_2CO_3等,其中,CaO 与 NaOH 反应产生的 $Ca(OH)_2$具有一定的絮凝和污水净化作用。

2. 化学混凝法

化学混凝法是在压裂返排液中加入絮凝剂和助凝剂,使杂质、悬浮微粒发生沉降,实现固液分离。化学混凝法是目前水处理技术中重要的分离方法之一,主要是通过混凝剂或混凝剂的水解产物压缩双电层、电中和、吸附架桥和网捕等 4 个方面的作用对水中的胶体体系和细小的悬浮颗粒物进行破坏和网捕。混凝过程具有处理效果好、处理成本低等优点,且该方法与其他处理方法有机结合,将大大提高生产效率,有效改善和降低压裂返排液对环境的危害。常用的混凝剂包括无机混凝剂,如聚合氯化铝、聚合氯化铁铝、聚合氯化铁等;有机混凝剂,如聚丙烯酰胺和改性后的阳离子型聚丙烯酰胺。由于以上混凝剂主要应用在污水处理中,存在一定的使用限制。国内外已经研制出许多复合型混凝剂,对压裂液中的水体有机物去除率得到明显改善作用。

3. 化学氧化法

化学氧化法主要是通过加入具有氧化性的药剂或气体对废水中的有机和无机的有毒物质进行氧化,通过氧化反应将有毒物质转化成为无毒或少毒物质,或者转化为易与水分离的物质。常用的氧化剂包括 $KMnO_4$、NaClO、H_2O_2/Fe^{2+} 和漂白粉。国内外学者对常用氧化剂进行研究,发现各氧化剂在偏酸性条件下氧化效果较好。$KMnO_4$氧化的最佳 pH 为 1 ~ 2,漂白粉和 NaClO 氧化的最佳 pH 为 4 ~ 5,H_2O_2/Fe^{2+} 氧化的最佳 pH 为 3 ~ 4。通过对 4 种常用氧化剂的性能比较发现,在最佳氧化条件下,色度去除率大小的顺序为 H_2O_2/Fe^{2+} > NaClO > 漂白粉 > $KMnO_4$,水体有机物去除率大小的顺序为 H_2O_2/Fe^{2+} > $KMnO_4$ > NaClO > 漂白粉。国内学者采用 NaClO 处理压裂返排液,在一定的加量下,水体有机物的去除率达 30% 以上。

4. 深度氧化法

深度氧化法是物理处理和化学处理联合处理的过程,在催化剂作用下产生 ·OH(氧化电位极高),·OH 与压裂返排液中的有机物发生加成、电子取代、断键和开环等反应,使压裂返排液的 COD 降低。目前,国内外应用较多的深度氧化技术包括:Fenton 试剂氧化法及类 Fenton 氧化法、光化学和光催化氧化法、电化学氧化法。

1)Fenton 试剂氧化法

Fenton 试剂氧化法是近年来广泛采用的高级氧化方法。其利用亚铁离子为过氧化氢的催化剂,在酸性条件下,反应过程中产生 ·OH,反应见式(3-1)至式(3-7)。·OH 的氧化电位仅低于氟,可氧化大部分的有机物,使其降解为小分子或矿化(有机态化合物转化为无机态化合物过程的总称)为 CO_2和 H_2O 等无机物。Fenton 试剂氧化法存在的主要问题是设备易受腐蚀(H_2O_2具有极强的腐蚀性)、水色变深(有 Fe^{3+}存在)、污泥产生量大(氢氧化铁沉淀)等。国内学者用 Fenton 试剂氧化法处理经初级处理后的压裂返排液,在一定的条件下水体有机物去除率较高,可达 90% 以上,满足 GB 8978—1996《污水综合排放标准》二级排放标准。

$$Fe^{2+} + H_2O_2 \longrightarrow Fe^{3+} + OH^- + \cdot OH \tag{3-1}$$

$$Fe^{2+} + \cdot OH \longrightarrow Fe^{3+} + OH^- \tag{3-2}$$

$$Fe^{3+} + H_2O_2 \longrightarrow Fe^{2+} + H_2O \cdot + H^+ \tag{3-3}$$

$$HO_2 \cdot + H_2O_2 \longrightarrow O_2 + H_2O + \cdot OH \tag{3-4}$$

$$RH + \cdot OH \longrightarrow R \cdot + F_2O \tag{3-5}$$

$$R \cdot + Fe^{3+} \longrightarrow R^+ + Fe^{2+} \tag{3-6}$$

$$R^+ + O_2 \longrightarrow ROO + \longrightarrow \cdots \longrightarrow CO_2 + H_2O \tag{3-7}$$

2)光催化氧化法

光催化氧化法是光反应同催化反应相结合。光催化氧化法分为均相和多相(非均相)催化反应两种类型。均相光催化是紫外光 Fenton 氧化法,非均相光催化则常见于 TiO_2光催化氧化法。光生空穴有很强的得电子能力,具有强氧化性,可夺取半导体颗粒表面被吸附物质或溶剂中的电子,使原本不吸收光的物质被活化氧化,电子受体通过接受表面的电子而被还原光催化。机理可用下式说明:

$$TiO_2 + H_2O \longrightarrow e^- + h^+ \tag{3-8}$$

$$h^+ + H_2O \longrightarrow \cdot OH + H^+ \tag{3-9}$$

$$h^+ + OH^- \longrightarrow \cdot OH \tag{3-10}$$

$$O_2 + e^- \longrightarrow \cdot O_2^-, \cdot O_2^- + H^+ \longrightarrow HO_2 \cdot \tag{3-11}$$

$$2HO_2 \cdot \longrightarrow O_2 + H_2O_2 \tag{3-12}$$

$$H_2O_2 + O^{2-} \longrightarrow \cdot OH + OH^- + O_2 \tag{3-13}$$

羟基自由基(·OH)是光催化反应的一种主要活性物质,对光催化氧化起决定作用,吸附于催化剂表面的氧及水合悬浮液中的 OH^-、H_2O 等均可产生该物质。TiO_2廉价、无毒、稳定性好、易于回收,是一种性能良好的光催化剂,有较长的使用寿命,在适当的条件下可长时间连续使用而不失活。国内学者利用纳米 TiO_2深度处理油田压裂返排液,在一定的条件下,获得较好的处理效果,水体有机物去除率可达 95.0% 以上。

3)电化学氧化法

电化学氧化法是 20 世纪 80 年代发展起来的高级氧化技术,以石墨为阴极,钛涂钌电极为阳极,在不同条件下,阳极上发生直接或间接反应。过渡族金属元素在多效电催化条件下以离子状态存在,电氧化的还原反应产生 H_2O_2,H_2O_2与离子状态的过渡族金属元素发生化学反应生成·OH,整个过程中发生的化学反应如下:

$$O_2 + 2H^+ + 2e^- \longrightarrow H_2O_2 \tag{3-14}$$

$$O_2^{2-} + H_2O \longrightarrow H_2O_2 \tag{3-15}$$

$$H_2O_2 + M^{n+} \longrightarrow M^{(n+1)} + \cdot OH + HO^- \tag{3-16}$$

$$H_2O_2 + M^{(n+1)+} \longrightarrow M^{n+} + HOO \cdot + H^+ \tag{3-17}$$

$$HOO \cdot + M^{(n+1)+} \longrightarrow M^{n+} + O_2^{2-} + H^+ \tag{3-18}$$

从上述反应中不难看出,整个系统中生成了 H_2O_2、·OH 等强氧化剂,其中·OH 是除了

F_2之外氧化性最强的氧化剂。这些强氧化剂将废水中的稠化物质或者其他高分子物质,直接或间接地分解成小分子有机物或直接矿化成 CO_2 与 H_2O,从而使废水的黏稠度降低,COD 和油含量降低。

4)O_3/H_2O_2复合催化氧化

O_3/H_2O_2体系主要是依靠产生·OH 自由基进行氧化,当水体为酸性时,H_2O_2 的分解反应 $H_2O_2 + H_2O \rightleftharpoons HO_2^- + H_3O^+$ 是向逆反应方向进行,不利于·OH 自由基的产生。而在较高 pH 值条件下,H_2O_2分解产生的 HO_2^- 是·OH 的引发剂,更有利于·OH 自由基的产生,从而提高水体有机物去除率。O_3/H_2O_2复合催化氧化技术对废水的色度和水体有机物去除率较高。林孟雄等利用 O_3/H_2O_2复合催化氧化处理四川德阳川江 566 井的压裂返排液,反应体系 pH 值为 11,O_3 投加量为空气流量 200L/h,H_2O_2 的投加量为 0.8mL,反应时间 50min,COD 由 1360mg/L 降低到 436mg/L。

5. 铁碳微电解法

铁碳(Fe/C)微电解法,又称内电极法、零价铁法。20 世纪 80 年代,铁碳微电解法引入我国,目前已成功地应用于石油化工类废水的处理,使用填料为铁屑和小颗粒焦炭的微电解反应器。铁碳微电解工艺的电解材料一般采用铸铁屑和活性炭或者焦炭,当材料浸没在废水中时,发生内部和外部两方面的电解反应。一方面铸铁中含有微量的碳化铁,碳化铁和纯铁存在明显的氧化还原电势差,这样在铸铁屑内部就形成了许多细微的原电池,纯铁作为原电池的阳极,碳化铁作为原电池的阴极;此外,铸铁屑和其周围的炭粉又形成了较大的原电池,因此利用微电解进行废水处理的过程实际上是内部和外部双重电解的过程,或者称之为存在微观和宏观的原电池反应。电极反应生成的产物(如新生态的 H^+)具有很高的活性,能够跟废水中多种组分发生氧化还原反应,许多难生物降解和有毒的物质都能够被有效地降解;同时,金属铁能够和废水中金属活动顺序排在铁之后的重金属离子发生置换反应。其次,经铁碳微电解处理后的废水中含有大量的 Fe^{2+},将废水调至中性经曝气之后则生成絮凝性极强的 $Fe(OH)_3$,能够有效吸附废水中的悬浮物及重金属离子如 Cr^{3+},其吸附性能远远高于一般的 $Fe(OH)_3$ 絮凝剂。铁碳微电解就是通过以上各种作用达到去除水中污染物的目的。但铁碳微电解法也存在自身的不足,如反应过程中铁表面易钝化,铁碳易板结,从而降低了处理效率。

6. 生物法

生物法是利用微生物降解水中有机物的方法,其所用的微生物分为好氧和厌氧两种。常用的好氧生物处理法有活性污泥法和生物膜法,厌氧生物处理需要在完全无氧的条件下进行。运用生物技术治理环境污染是现阶段研究的热点,生物处理技术具有运行费用低、不产生二次污染等优点;存在的主要问题是压裂返排液等油田污水成分复杂、水质变化大、可生化性差,使生物技术在钻井废水中的应用有一定的难度,还需加强研究。活性污泥法是利用活性污泥在有氧的条件下,吸附、氧化、降解废水中的有机污染物,使之转化为无机物,从而使废水得到净化。国外学者以瓜尔胶为例,研究了当压裂返排液矿化度(TDS)较高时,活性污泥对压裂返排液净化的可行性。实验结果表明,当返排液中的 TDS 为 1500mg/L 时,反应 10h,返排液中的水体有机物去除率达 90% 以上;当 TDS 为 45000mg/L 时,反应 31h,返排液中的水体有机物去除率达 60%。这是由于高浓度的 TDS 使微生物发生质壁分离或降低细胞活性,因此对生物处理水体有机物的效果有反作用。

7. 其他处理技术

以上所有方法均存在处理成本和处理效果的问题，因此人们还研究了一些节能环保的处理技术，如利用油气生产中产生的能量处理压裂返排液，这不仅减少了水的浪费，也减少了天然气的浪费。目前，国内压裂技术所用的压裂液主要是水基压裂液，其中以黏度胶类和合成聚合物类为主，这些稠化剂在应用时均需要大量的水溶解，特别是在页岩气压裂时，因此，需要对压裂返排液循环使用。国外学者研究了使用天然气燃烧释放的能量来处理压裂返排液的可行性。研究结果表明，$1.36km^3$的天然气燃烧所释放的能量可以净化0.5～$2.7km^3$的水，这些水可满足9400～28000口井压裂的需要。湖北菲特沃尔科技有限公司先通过测定压裂返排液中残余物质的含量，然后进行补加，使其达到初始压裂所需的量，从而使压裂返排液得到循环使用。因此，应该加大力度研发一些高效、节能的方法，来解决压裂返排液无害化处理的问题。

五、压裂与酸化返排液处理工艺

根据压裂、酸化各自返排液组成特点，在实际施工中一种方法对压裂、酸化返排液进行处理很难达到国家对返排液排放的要求，因此有必要将几种方法联合起来对返排液进行处理，采用不同的处理工艺流程。

（一）压裂返排液处理工艺

1. 混凝—隔油—深度氧化

刘真等针对井下作业压裂废水特点，提出先采用混凝—隔油法处理，再用次氯酸钠结合紫外光进行深度处理，可氧化分解难处理的一部分高分子有机物。通过实验结果可知，在适宜的处理条件下可将水中的COD从6500mg/L降至74mg/L和油类物质从352mg/L降至5.9mg/L，去除率分别为98.9%和98.3%。

2. 混凝—氧化—Fe/C微电解—H_2O_2/Fe^{2+}催化氧化—活性炭吸附

如图3－4所示，万里平和张宏等以河南油田探井压裂返排液为研究对象，通过大量实验确定了“混凝—氧化—Fe/C微电解—H_2O_2/Fe^{2+}催化氧化—活性炭吸附”的处理工艺，可使废水中COD值从12000mg/L下降到140mg/L，返排液中的水体有机物去除率达98.83%，并将其用于处理其他油井的压裂返排液，其处理时间为9～12h，处理成本大于120元/t。

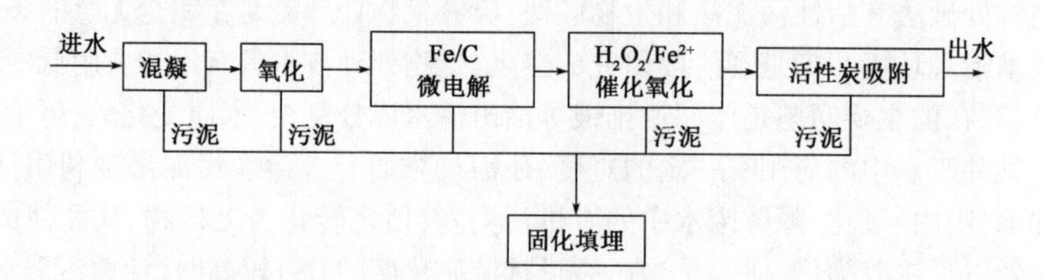

图3－4 “混凝—氧化—Fe/C微电解—H_2O_2/Fe^{2+}催化氧化—活性炭吸附”处理工艺

3. 隔油除砂—氧化—絮凝沉降—膜过滤

杨志刚等针对鄂尔多斯盆地页岩气压裂返排液总铁含量高、黏度高、悬浮物含量高、细菌含量高的特点，提出了“隔油除砂—氧化—絮凝沉降—膜过滤”的“四步法”处理工艺，工艺流程图见图3－5。经过处理使返排液中的总铁含量去除率达到了99.34%，悬浮物去除率达到了99.67%，黏度降到了1.13mPa·s。因此，该处理工艺很好地解决了页岩气压裂返排液的“四高”问题，从而使压裂返排液得到了循环使用。

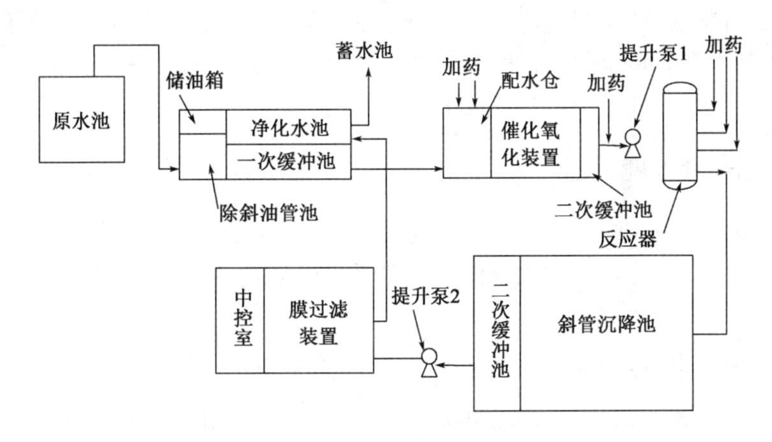

图3－5 “隔油除砂—氧化—絮凝沉降—膜过滤”处理工艺

4. 絮凝沉降＋反渗透膜过滤

陈晓宇等采用“絮凝沉降＋反渗透膜过滤”处理工艺代替“絮凝沉降＋除硼剂”处理工艺处理含硼压裂返排液在强化絮凝沉降效果的基础上，采用一步法膜过滤技术，既提高了水质处理效果，又缩减了处理工艺流程，提高了除硼的效率并且节约成本。

5. 旋流气浮—电化学氧化—MBR

陈鑫等采用“旋流气浮—电化学氧化—MBR”联合处理工艺，工艺流程图如图3－6所示，出水的悬浮物、石油类的质量浓度分别≤2mg/L、≤3mg/L，满足设计要求，通过现场配胶实验证实该工艺的可行性。其中旋流气浮采用高效旋流混合技术，该高效混合器（图3－7）能完成高压空气溶解、油滴碰撞长大、气泡晶核生成和离心预分离的作用。MBR系统主要作用是通过活性微生物分解采油废水中的分散油，确保出水水质中油含量小于3mg/L。由于MBR系统输水是超滤膜过滤出水，超滤膜的膜孔小于0.1μm，正常出水中不可能存在颗粒粒径大于1μm的悬浮物，所以悬浮物含量小于设计要求。

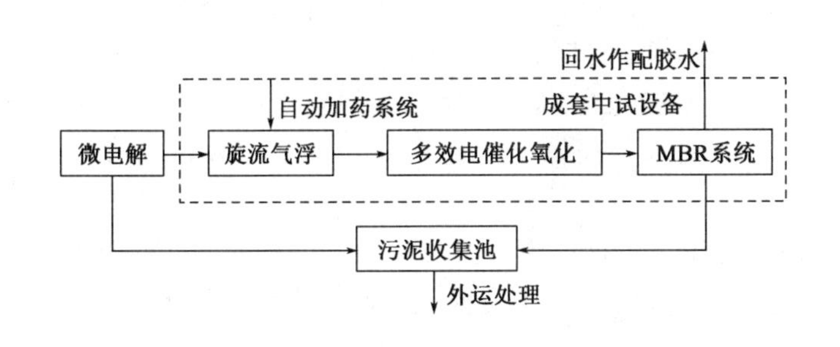

图3－6 “旋流气浮—电化学氧化—MBR”联合处理工艺

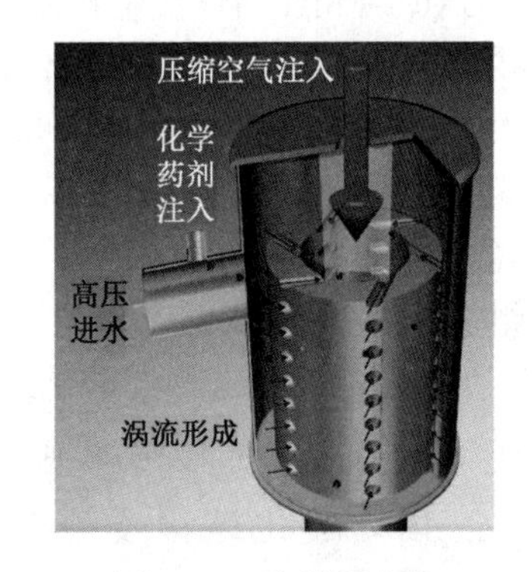

图3－7 高效混合器

总体来说，目前国内的压裂返排液处理技术达到了较高的水平，但仍存在一些不足：

(1)工艺复杂,设备投资大,需要大量的人力和物力。对于某些压裂返排液需要通过四级甚至五级处理才可以达到国家二级排放标准,处理周期长,处理量小,实际应用性不强。(2)药剂用量大,处理成本高。由于处理工艺复杂,药剂种类和用量均非常大,增加了处理成本。目前压裂返排液处理成本为每立方米数十元到几百元不等,远高于生活污水处理成本,因此急需研制出优质高效、价格低廉的压裂返排液处理剂。(3)容易造成二次污染。废水处理过程中产生了大量污泥,其中含有重金属,毒性大,处理不当就会造成二次污染。投加药剂使废水中引入了大量可溶性离子,若外排则容易造成土壤盐碱化。

(二)酸化返排液处理工艺

近几年来,国外油田在酸化返排液处理技术上主要在治理设备、工艺流程、药剂等几个方面进行了改进,开发了一些新的酸化返排液处理药剂和设备,采用了许多新的酸化返排液处理工艺流程。

1. 国外酸化返排液处理工艺

在美国得克萨斯州西部的 Permian Basin 油田采用了一种新的油田酸化返排液处理工艺,流程为酸化返排液—水力旋流器——级过滤汽提塔(脱硫)—石灰软化—二级过滤—阳离子交换—蒸汽锅炉。其特点是将水力旋流器引入流程,替代传统的隔油与浮选单元。该技术可以将硬度为 2000mg/L、硫化物为 500mg/L、含油量为 200mg/L、TDS 为 10000mg/L 的酸化返排液转变为蒸汽锅炉用水。

科威特北部油田处理酸化返排液的工艺流程为原油酸化返排液—API 油水分离器—CPI 油水分离器—IGF 气浮—出水。该工艺主要由 API 和 CPI 油水分离器、IGF 气浮等构筑物组成。气浮后可以获得用于回注地层的净化水。这些酸化含油污水处理工艺简单,是目前酸化含油污水处理的典型工艺流程,但对乳化严重的酸化返排液和稠油酸化污水处理效果不佳。这种处理工艺与国内目前的酸化返排液处理技术基本一致。

北海油田酸化返排液回注的处理工艺流程中采用了 3 个油水分离器和 6 个水力旋流器串联,处理后的水质可达到回注水的要求。工艺流程为酸化返排液—油水分离器(加破乳剂)—水力旋流器—回注水。

Mobil 石油公司处理印度尼西亚 Arun 油田酸化返排液的工艺流程为酸化返排液—API 隔油(加破乳剂)—溶气气浮—生化曝光池—二沉淀—处理水。

GAC – FBR(活性炭生物流化床反应器)是一种处理近海油田酸化返排液的新工艺流程。该技术主要是为满足日益严格的污水排放标准,特别是零排放标准,目前该技术已进行了中试放大试验。在美国的墨西哥海湾油田酸化返排液排放标准规定油含量日最高不超过 42mg/L,月平均不超过 29mg/L,采用该技术能完全达到甚至可达到更严格的排放指标即日最高含油量不超过 10mg/L。这种流程由油水分离器、絮凝、气浮、GAC – FBR、电渗析等单元组成。

另外还有可供选择的酸化返排液处理工艺。这些流程主要由油水分离器、化学氧化、溶气气浮、金属离子去除系统(氢氧化物或硫化物沉淀)、离子交换、过滤、蒸发等单元组成。

2. 国内酸化返排液处理工艺

国内酸化返排液处理流程通常采取絮凝沉降、中和、Fe/C 微电解、氧化、活性炭吸附等方法达到国家排放或回注标准。为提高酸化处理效果,减少酸化药剂用量,降低作业成本,宜采用多种酸化工艺组合的综合酸化处理技术。国内的河南油田、西南石油大学等开展了酸化返排液处理流程研究，提出了四步法工艺，即“中和—Fe/C 微电解—催化氧化—活性炭吸附”。

1）中和—混凝法

杨旭等利用“中和—混凝”工艺对川西南矿区 V101 井的前置液酸化返排液和川中矿区云溪角 30 井的酸化返排液进行了处理，工艺流程如图 3－8 所示。结果表明，处理后的污水样 pH 值等均达到国家排放标准。“中和—混凝”工艺流程简单，考虑到油气田的作业地点分散不集中，如采用可移动的间歇式处理装置，则大大减少投资，同时方便多种管理，生产费用低，易推广使用于各大油气田。

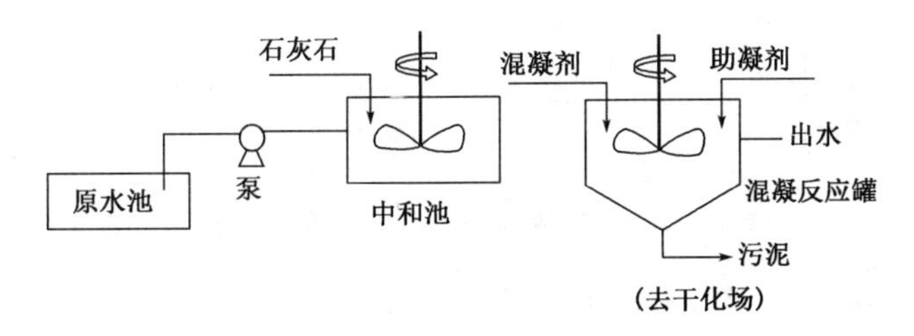

图 3－8 “中和—混凝”处理工艺流程

2）氧化—吸附法

万里平、刘宇程等在内电解的基础上，采用了双氧水氧化和活性炭吸附联合作用的方法处理川中矿区磨 54 井的酸化返排液。结果表明，该方法能有效降低酸化返排液中的污染物含量，达到国家污水排放标准。与先用双氧水氧化，再用活性炭吸附分步法处理相比，该法不仅操作简单，节省费用而且可提高处理效果。

3）中和—混凝—氧化—吸附法

钟辉等在室内对川中矿区油气井酸化返排液的处理进行了研究，提出了“中和—混凝—氧化—吸附”处理工艺，工艺流程如图 3－9 所示。实验结果表明，采用该混合工艺处理后污水样的色、味、pH 值和悬浮物等均符合国家工业污水排放标准。该工艺对含有高浓度及不易氧化有机物的油气田酸化返排液的治理特别适用，现场使用中，如采用移动式处理设备，则可用于分散井场的酸化返排液处理。

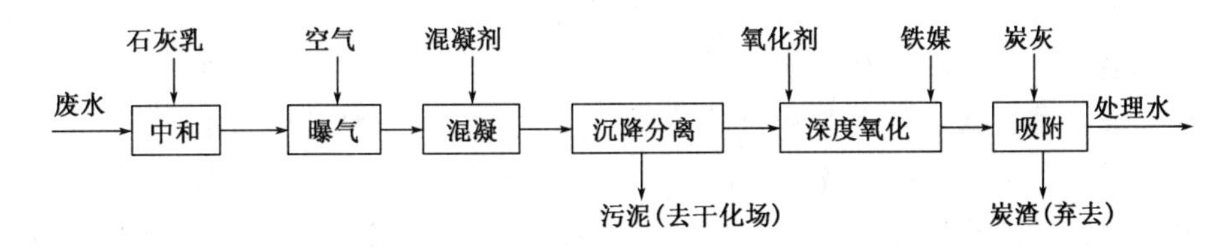

图 3－9 “中和—混凝—氧化—吸附”处理工艺流程

4）碱处理—氧化吸附—混凝法

王松等采用“碱处理—氧化吸附—混凝”处理工艺对河南油田酸化返排液进行了研究。结果表明，在最佳工艺条件下，处理后污水样含油量、色度、含悬浮物均大幅降低，酸化返排液水体有机物去除率达到 99.8%，COD 降至 120mg/L，处理后污水水质基本达到国家二级外排水标准。

5）中和—Fe/C 微电解—催化氧化—活性炭吸附法

万里平等用“中和—Fe/C 微电解—催化氧化—活性炭吸附”处理工艺对磨 140 井酸化返排液进行了实验测定，工艺流程如图 3 – 10 所示。研究结果表明，处理后废水中的 COD 从 5250mg/L 降到 137mg/L，去除率为 97.4%。处理后的污水样 pH 值等达到国家二级排放标准，但由于酸化废液中 HCl 含量较高，使得去除 Cl^- 难度较大，因而有待进一步对去除方法进行研究。

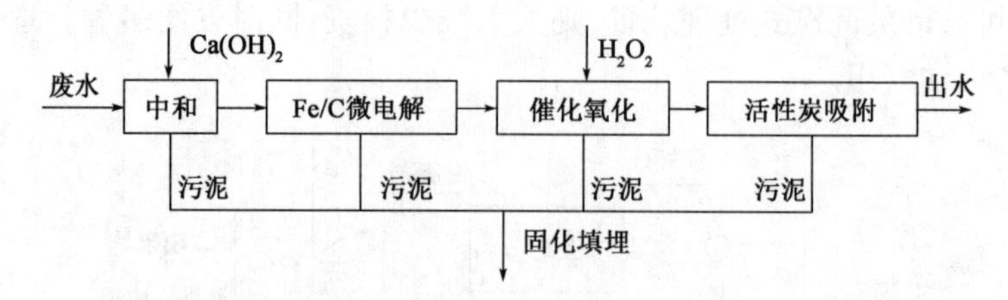

图 3 – 10 “中和—Fe/C 微电解—催化氧化—活性炭吸附”处理工艺流程

6）H_2O_2 氧化—中和—絮凝—回注处理

秦芳玲等以 H_2O_2 为氧化剂，聚丙烯酰胺（PAM）和聚合氯化铝（PAC）为絮凝剂，采用“H_2O_2 氧化—中和—絮凝—回注”的处理工艺对安塞油田具有 pH 值低、Fe 离子含量高特点的化返排液进行了处理，处理后污水的各项水质指标达到油田回注水的标准，并在工艺处理流程中确定了使用药剂的加药量。

思考题

一、选择题

1. 在压裂施工中，压裂液按所起的作用不同分为预前置液、前置液、携砂液和（　　）四部分。

A. 返排液　　B. 顶替液　　C. 处理液　　D. 破胶液

2. 交联剂是通过交联离子将溶解于水中的高分子链上的活性基团以化学键连接起来形成三维（　　）的化学剂。

A. 网状冻胶　　B. 线性冻胶　　C. 网状凝胶　　D. 线性凝胶

3. 盐酸可溶解碳酸盐矿物主要有两种，一种是（　　），另一种是白云岩。

A. 石灰岩　　B. 砾岩　　C. 花岗岩　　D. 砂岩

4. 在酸化中常用缓蚀剂、表面活性剂、（　　）、黏土稳定剂、酸液降阻剂和互溶剂等添加剂。

A. 铁离子稳定剂　　B. 降滤失剂　　C. 洗油剂　　D. 乳化剂

5. 压裂和酸化作业的返排液的处理技术中不包括下面的（　　）。

A. 物理处理　　B. 风干处理　　C. 化学处理　　D. 生物处理

6. 压裂和酸化作业的返排液的处理技术中属于物理处理技术的是（　　）。

A. 吸附法　　B. 中和法　　C. 铁碳微电解法　　D. 光催化氧化法

7. 压裂和酸化作业的返排液的处理技术中不属于化学处理技术的是（　　）。

A. 中和法　　B. 铁碳微电解法　　C. 固化法　　D. 光催化氧化法

8. 化学处理技术中中和法选用的试剂不包括下列(　　)。

A. CaO　　B. NaOH　　C. Na_2CO_3　　D. Na_2O

9. 化学氧化法中常用的氧化剂为 $KMnO_4$、NaClO、H_2O_2/Fe^{2+} 和漂白粉,在最佳氧化条件下,水体有机物去除率最好的是(　　)。

A. $KMnO_4$　　B. NaClO　　C. H_2O_2/Fe^{2+}　　D. 漂白粉

10. 化学处理技术中深度氧化法不包括下列(　　)。

A. 铁碳微电解法　　B. 光催化氧化法

C. O_3/H_2O_2 复合催化氧化　　D. Fenton 试剂氧化法

二、判断题

1. 携砂液的作用是将支撑剂输送到油层裂缝中。(　　)

2. 压裂液有水基压裂液、油基压裂液、泡沫压裂液等种类。(　　)

3. 氨基磺酸是一种能产生氢氟酸的潜在酸。(　　)

4. 吸附法是利用吸附剂与压裂返排液相混合,使其中的一种或多种污染物被吸附在多孔物质表面而除去。(　　)

5. 中和法主要针对酸化的压裂返排液,酸化废液的 pH 较高,会腐蚀破坏处理设备或管道等。(　　)

6. 化学混凝法是在压裂返排液中加入絮凝剂和助凝剂,使杂质、悬浮微粒发生沉降,实现固液分离。(　　)

7. 化学混凝法主要是通过混凝剂或混凝剂的水解产物压缩双电层、电中和、吸附架桥等 3 个方面的作用对污水进行处理。(　　)

8. 在最佳氧化条件下,色度去除率大小的顺序为:NaClO > H_2O_2/Fe^{2+} > 漂白粉 > $KMnO_4$。(　　)

9. 光催化氧化法分为均相和多相(非均相)催化反应两种类型,其中紫外光 Fenton 氧化法是均相光催化。(　　)

10. 电化学氧化法是一种高级氧化技术,以石墨为阴极,钛涂钌电极为阳极,在不同条件下,阳极上发生直接或间接反应。(　　)

三、简答题

1. 压裂和酸化施工中的污染环节包括哪些?

2. 简述压裂和酸化返排液的特点。

3. 压裂和酸化返排液处理技术包括哪些? 处理特点是什么?

4. 压裂和酸化返排液处理方法中深度氧化法包括哪些? 处理特点是什么?

5. 通过图示法解释“中和—混凝—氧化—吸附”工艺流程。

参 考 文 献

[1] 陈大钧,陈馥. 油气田应用化学[M]. 2 版. 北京:石油工业出版社,2015.

[2] 李颖川,王永清. 采油工程[M]. 2 版. 北京:石油工业出版社,2010.

[3] 杨鹏. 压裂返排液无害化处理的研究[D]. 武汉:长江大学,2015.

[4] 夏旖旎. 油井酸化返排液处理工艺技术研究[D]. 成都:西南石油大学,2014.

[5] 毛金成,张阳,李勇明,等. 压裂返排液处理技术的研究进展[J]. 石油化工,2016,45(3):368 - 372.
[6] 林孟雄,杜远丽,陈坤,等. 复合催化氧化技术对油气田压裂返排液的处理研究[J]. 环境科学与管理,2007,32(8):115 - 118.
[7] 刘真. 井下作业废水处理的试验研究[J]. 油气田环境保护,2000,10(4):19 - 21.
[8] 万里平,李治平,王传军,等. 油田压裂液无害化处理实验研究[J]. 河南石油,2002,16(6):39 - 43.
[9] 万里平,赵立志,孟英峰. Fe/C 微电解法处理压裂废水的研究[J]. 西南石油大学学报(自然科学版),2003,25(6):53 - 56.
[10] 张宏. 残余压裂液无害化处理技术的试验研究[J]. 化学与生物工程,2004,(2):38 - 39.
[11] 杨志刚,魏彦雷,吕雷,等. 页岩气压裂返排液回用处理技术研究与应用[J]. 天然气工业,2015,35(5):131 - 137.
[12] 陈晓宇,张志全,王彦兴,等. 河南油田非常规压裂返排液回注工艺技术[J]. 油气地面工程,2015,34(12):40 - 42.
[13] 迟永杰,卢克福. 压裂返排液回收处理技术概述[J]. 油气地面工程,2009,28(7):88 - 89.
[14] 陈鑫. 油田压裂返排液处理工艺研究[J]. 水处理技术,2016,42(7):101 - 105.
[15] 杨旭,王大智,杨兰平,等. 中和—混凝法处理油气田酸化废水[J]. 油田化学,1989,6(3):264 - 266.
[16] 万里平,刘宇程,赵立志. 氧化吸附法联合处理油田酸化废水[J]. 油气田环境保护,2000,11(2):33 - 34.
[17] 钟辉,刘斌. 油气井酸化作业废水治理技术室内研究[J]. 油田化学,1993,10(4):367 - 369.
[18] 王松,李杨,庄志国,等. 河南油田采油酸化废水无害化处理技术研究[J]. 油田化学,2008,25(1):90 - 93.
[19] 秦芳玲,李斌,任伟,等. 安塞油田酸化返排液的 H_2O_2 氧化—中和—絮凝回注处理研究[J]. 西安石油大学学报,2011,26(4):67 - 70.

第四章　含油污水处理技术

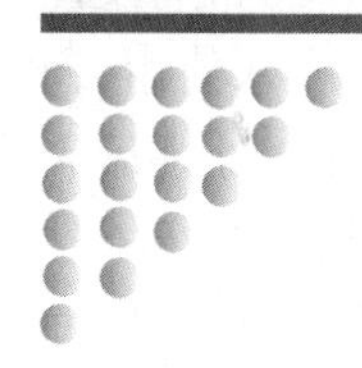

原油开采过程中,无论原油泄漏还是采出水外排都将对水体造成严重污染,如何消除油类对水体的污染备受业界关注。在关注的同时,对含油污水处理新技术有了更多的期待。伴随原油开采过程而形成的含油污水,成分非常复杂,含有地层溶滤作用形成的各种离子、地层岩石和黏土矿物颗粒、原油及胶质沥青质等有机不溶物,以及采油过程中的添加剂等。这些可溶的和不可溶的、有机的和无机的、液体的和固体的、沉淀的和悬浮的物质与水构成了极为复杂的含油污水。实现污水中油水的有效分离,是保证油田生产和保护环境、实现可持续发展的关键一环。

第一节　含油污水概述

一、我国含油污水概况

目前,我国大部分油田已进入石油开采的中期和后期,采出原油的含水率已达70% ~ 80%,有的油田甚至高达90%,油水分离后产生大量的含油污水。含油污水如果不经处理而直接排放,不仅会造成土壤、水源的污染,有时甚至会引起污油着火事故,威胁人民的生命安全,造成国家经济损失,同时也会危害油田自身的利益。因此,如何开发出适合我国油田实际、高效经济的油田含油污水处理及回用技术,达到节能、降耗、保护环境、重复利用水资源的目的,成为油田水处理站改造和建立的重要问题。

二、含油污水的处理意义

油田含油污水是一种量大而面广的污染源。据统计大庆油田每天采出的含油污水达到 $142.5\times10^4 m^3$,全国每年有十几亿立方米油田含油污水需要处理,这些污水在处理达标以后,大部分要作为开采注入水回注地层,一小部分排放到自然环境中。

目前,我国各油田绝大部分开发井采用注水开发。伴随着油田注水开发生产的进行,出现了两大问题,一是注入水的水源问题;二是注入水和油田采出水的处理及排放问题。注水开发初期的注水水源是通过开采浅层地下水或地表水来解决的,但大量开采浅层地下水会引起局部地层水位下降，而地表水资源又很有限。因此，含油污水处理后作为油田回注水为各大油田所采用。但是如果污水未达到回注水的要求（主要是含油量、悬浮物超标），仍回注到地下，这将导致地层出油通道堵塞，降低注水效率和石油开采量。因此污水处理是否达标将直接影响注水采油的效率。

另外，随着原油含水量的逐渐上升，油田采出水水量越来越大，由于注水井的布局及注入量的不均衡、现有技术设备的处理局限等因素，一部分含油污水不能够作为回注水使用，而需排到环境中去。因此，必须考虑污水的达标排放问题。如果这些污水不经处理或处理后未达标而排放，将会造成环境污染、破坏水体、土壤、影响生态平衡，造成重大的经济损失。

如果油田处理回注率为100%，即不管原油含水率多高，从油层中采出的污水和地面处理、钻井、作业排出的污水全部处理回注，那么注水量中只需要补充由于采油造成地层亏空的水量便可以了。这样不仅可以节省大量清水资源和取水设施的建设成本，而且使得含油污水资源变废为宝，实现可持续发展，提高油田注水开发的总体经济效益。

因此，含油污水的处理回用对于保护、节约水资源，保护生态平衡，促进可持续发展，具有重大的意义。

三、油田含油污水处理后的出路

从国内外油田生产情况来看，油田含油污水经处理后的出路一般有三种：

(1)回注：代替清水资源直接回注地层或配制聚合物后回注地层。

(2)回用：处理后作为热采锅炉的给水。

(3)外排：处理后达到国家污水排放标准，直接排放。

依据油田生产、环境等因素，含油污水的处理可以有多种方式。当油田需要注水时，含油污水经处理后回注地层，此时要对水中的悬浮物、油等多项指标进行严格控制，防止其对地层产生伤害。如果是作为蒸汽发生器或锅炉的给水，则要严格控制水中的钙、镁等易结垢的离子含量、总矿化度以及水中的油含量等。如果处理后排放，则根据当地环境要求，将污水处理达到排放标准。

第二节　含油污水的来源与特点

油田勘探开发过程的污水主要由油田采出水、钻井污水、洗井污水、矿区雨水和其他类型的污水组成。由于这几种污水中的主要污染物是原油，同时又都是在原油生产过程中产生的，故统称为油田含油污水。

一、油田采出水

来源：地层采出液经油水分离后的含油污水。

特点：(1)矿化度高，会加速腐蚀，并给污水生化处理带来困难。(2)含油量高，高含油量的污水回注容易堵塞地层，外排会造成油污染。(3)水中含有 SO_4^{2-}，容易滋生细菌，不仅腐蚀管线，而且还会造成地层严重堵塞。(4)含有大量的 HCO_3^-、Ca^{2+}、Mg^{2+} 等成垢离子，容易在管道及容器内结垢。(5)悬浮物含量高,颗粒微小,容易造成地层堵塞。(6)含高分子聚合物,使污水水质恶化,净化难度加大。

二、钻井污水

来源:在钻井施工过程中产生的污水,有钻井泵冲洗水、振动筛冲洗水、钻台和钻具机械设备冲洗水、废弃钻井池清洗液、采油机排出的冷却水及井场生活污水等。

特点:含大量的石油类、岩屑、钻井液添加剂。钻井液添加剂如黏度控制剂(如黏土)、加重剂、黏土稳定剂、腐蚀剂、防腐剂、杀菌剂、润滑剂、地层亲和剂、消泡剂等。钻井污水中还含有重金属,钻井污水具有较高的黏度,污染性强。

三、洗井污水

来源:洗井污水主要来自井下作业洗井及注水井的定期洗井。

特点:洗井污水主要含有石油类、表面活性剂及酸、碱等污染物。

四、矿区雨水

来源:在油田矿区由于降雨形成地表径流,可将散落在井场及土壤中的部分落地原油带入地表水体。

特点:矿区雨水所含有的污染物主要是石油类和泥沙冲积物。

五、其他类型的污水

其他类型污水主要包括油污泥堆放场所的渗滤水、洗涤设备的污水、油田地表径流雨水、生活污水以及事故性泄漏和排放引起的污染水体等。

由于含油污水种类多,地层差异及钻井工艺不同等原因,各含油污水处理站不仅水质差异大,而且含油污水的水质变化大,这为含油污水的处理带来困难。

六、狭义的油田含油污水

随着石油工业的飞速发展,油田原油含水率也在不断上升,油田采出水的量远远超过了钻井污水和其他作业污水的产生量,成为油田含油污水的主要来源,因此,狭义的油田含油污水主要指油田采出水。

第三节　含油污水中的污染物

一、含油污水中污染物的分类

含油污水主要是从地层中随原油一起被开采出来,该污水经过了从原油集输到初加工整个过程，因此污水中的杂质种类及性质都和原油地质条件、注入水性质、原油集输条件等因素有关。另外，洗井回水、钻井污水、作业污水的回收，使含油污水的成分更加复杂、水质进一步恶化，但从总体上讲，这种污水是一种含有固体杂质、液体杂质、溶解气体和溶解盐类等较复杂的多相体系。从颗粒大小和外观看，可按表 4－1 进行分类。

表 4－1　污水中污染物分类

分散颗粒	溶解物(低分子、离子)		胶体颗粒		悬浮物			
颗粒大小	0.1nm	1nm	10nm	100nm	1μm	10μm	100μm	1mm
外观	透明		光照下混浊		混浊		肉眼可见	

若按含油污水处理的观点，原水中的细小杂质可以分为五类。

(一)悬浮固体

悬浮固体颗粒直径范围为 1～100μm，因为大于 100μm 的固体颗粒在处理过程中很容易被沉降下来，此部分杂质主要包括：

(1)泥砂：0.05～4μm 的黏土、4～60μm 的粉砂和大于 60μm 的细砂。

(2)各种腐蚀产物及垢：Fe_2O_3、CaO、MgO、FeS、$CaSO_4$、$CaCO_3$等。

(3)细菌：硫酸盐还原菌(SRB) 5～10μm，腐生菌(TGB) 10～30μm。

(4)有机物：胶质、沥青质和石蜡等重质油类。

(二)胶体

胶体粒径为 1×10^{-3}～1μm，主要由泥砂、腐蚀结垢产物和微细有机物构成，物质组成与悬浮固体基本相似 。

(三)分散油及浮油

污水原水中一般有 1000mg/L 左右的原油，偶尔出现瞬时 2000～5000mg/L 的峰值含油量，其中，90% 左右为 10～100μm 的分散油和大于 100μm 的浮油。

(四)乳化油

原水中有 10% 左右的(1×10^{-3}～10μm)的乳化油。

(五)溶解物质

在污水中处于溶解状态的低分子及离子物质称为溶解物质，主要包括：

(1)溶解在水中的无机盐类。基本上以阳离子和阴离子的形式存在，其粒径都在 1×10^{-3} μm 以下，主要包括 Ca^{2+}、Mg^{2+}、K^+、Na^+、Fe^{2+}、Cl^-、HCO_3^-、CO_3^{2-} 等离子，此外还包括环烷酸类等有机溶解物。

(2)溶解的气体。溶解氧、二氧化碳、硫化氢、烃类气体等，其粒径一般为$(3\sim5)\times10^{-4}$μm。处理后污水无论是回注或是排放，上述五类杂质中有关部分都要求净化达到一定指标。

二、含油污水中污染物分析

根据净化水的不同去向，选择不同的分析项目。

（一）净化污水回注时分析项目

1. pH 值

原水的 pH 值是判断腐蚀与结垢趋势的重要因素之一。因为某些水垢的溶解度与水的 pH 值有密切的关系，一般水的 pH 值越高，结垢的趋势就越大；若 pH 值较低，则结垢趋势越小。但结垢与腐蚀往往是一对矛盾体，因此结垢趋势越小的同时，水的腐蚀性往往会增加。

大多数原水的 pH 值在 5 ~ 8，但当 H_2S 和 CO_2 溶于水中后，能使水的 pH 值降低，因为 H_2S 和 CO_2 都是酸性气体。

2. 悬浮固体含量

悬浮固体是引起油层堵塞的重要因素，是污水处理的主要去除对象，当其颗粒直径大于孔隙喉道直径的 1/2 时，易引起架桥堵塞；当颗粒直径大于油层喉道直径时更易引起堵塞。为了衡量水中悬浮固体含量，通常以量取已知体积的原水，采用薄膜过滤器过滤出来的固体数量来测定，常用的是滤膜直径为 0.45μm 的过滤器。

3. 浊度

浊度是水混浊程度的一个量度，浊度高意味着水是不“清洁”的，含有较多的悬浮固体。水的浊度高也标志着地层堵塞的可能性大，因而浊度的测定也是应当控制的一个重要水质指标。

4. 水温

水温将影响水的结垢趋势、水的 pH 值以及各有关气体在水中的溶解度，水温过低原水不易处理。另外，水温对腐蚀也会有一定的影响，一般情况下，水温增高，腐蚀将加剧。

5. 相对密度

相对密度为实际原水的密度与纯水的密度的比值。由于原水中含有溶解的杂质（离子、气体等），因此它总是比纯水更致密。一般原水的相对密度均大于 1.0，它也是水中溶解固体总量的直接标志，即比较几种水，就能计算出溶解于这些水中的固体的相对含量。

6. 溶解氧

溶解氧对原水的腐蚀和堵塞都有明显的影响，它不仅直接影响水对金属的腐蚀，而且如果水中存在溶解的二价铁，氧气进入系统就会使不溶的铁的氧化物沉淀，从而造成水中二价铁溶解度失衡，引起钢管、钢制容器的铁原子失去电子溶入水中，产生腐蚀。并且，因氧化会产生三价铁沉淀物，腐蚀产物会增加水中悬浮物的含量。

7. 硫化物

原水中的硫化物（主要是 H_2S）可能是自然存在于水中的，也可能是由子水中存在的硫酸盐还原菌（SRB）产生的。H_2S 的存在会促进腐蚀。如果在正常情况下的“甜水”，即无 H_2S 的水，在运行过程中开始显出有 H_2S 的痕迹，则表明可能有硫酸盐还原菌在系统中的某些地方

(例如管道或罐壁上)产生腐蚀。此外,硫化物也可能对堵塞产生一定的影响,这是因为硫化铁(Fe_2S_3)既是一种腐蚀产物,也是一种潜在的地层堵塞物。

8. 细菌数量

由于原水中细菌的存在,既可能引起腐蚀,又可能引起地层堵塞,因此需要测定和监视细菌生长的情况。除测定原水中危害较大的硫酸盐还原菌(SRB)的数目外,还需要测定腐生菌及细菌总数等。

9. 阳离子组分

钙:钙离子是原水的主要成分之一,它能很快与碳酸根或硫酸根离子结合,并生成沉淀附着的垢或悬浮固体,因而通常是造成地层堵塞的重要原因之一。

镁:通常镁离子浓度比钙离子低得多,但镁离子与碳酸根离子结合也会引起结垢和堵塞问题,不同的是碳酸镁引起的结垢和堵塞不如碳酸钙那么严重,此外,碳酸镁是可溶解的而硫酸钙则不溶解。

铁:地层水中天然的铁的含量很低,因此在水系统中铁的存在并达到一定含量,通常标志存在着金属腐蚀。在水中的铁可能以高铁(Fe^{3+})或低铁(Fe^{2+})的离子形式存在,也可能作为沉淀出来的铁化合物悬浮在水中,故通常可用铁的含量来检验或监视腐蚀情况,沉淀出来的铁化合物还会引起地层的堵塞。

钡:钡离子在原水中之所以重要,主要是由于它能和硫酸根离子结合生成硫酸钡($BaSO_4$),而硫酸钡是极其难溶解的,即使少量硫酸钡的存在也能引起严重的堵塞,与此类似,原水中的锶离子(Sr^{2+}),也会导致严重结垢和堵塞。

10. 阴离子组分

氯离子:在采出污水中氯离子是主要的阴离子,通常的淡水中也是一个主要组分。氯离子的主要来源是氯化钠等盐类,因此有时水中氯离子浓度被用来作为水中含盐量的度量。此外,由于氯离子是一个稳定成分,因此,它的含量也是鉴定水质较容易的方法之一。随着水中含盐量的增加,水的腐蚀性也增加。因此,在其他条件相同的情况下,水中氯离子浓度增高就意味更容易引起腐蚀,尤其是点腐蚀。

碳酸根和碳酸氢根:由于这类离子能生成不溶解的水垢,因此它们在含油污水中也是很重要的阴离子。在水的碱度测定中,以碳酸根离子浓度表示的碱度称为酚酞碱度,而以碳酸氢根离子浓度表示的碱度则称为甲基橙碱度。

硫酸根:由于硫酸根离子能与钙,尤其是与钡和锶等生成不溶解的水垢,因此硫酸根离子的含量在原水中也是值得注意的一个问题。

11. 总矿化度

总矿化度高对抑制油层黏土膨胀有利,但易结垢,更易引起腐蚀。高矿化度水对水中溶解氧含量敏感,即使是微量的氧也会引起严重腐蚀。

(二)净化污水排放时分析项目

为了使净化水达到排放标准,净化水质要按《污水综合排放标准》GB 8978—1996 有关规定执行。结合石油行业特点除检测第一类指标外,还应对如下第二类指标进行分析:pH 值、色度、悬浮物、BOD、COD、石油类、氨氮、挥发酚、总氰化合物、硫化物、阴离子型表面活性剂等。

以期尽可能降低排出污水对受纳水体的污染程度。

(三)国内主要油田原水水质分析

国内主要油田有代表性的污水处理站原水水质分析示于表4－2。除表中所列数据外，还有油、悬浮固体及水温等也是原水的重要指标。含油量一般为1000mg/L左右，相应的悬浮固体含量一般为80～250mg；少部分油田原水含油量高达3000～5000mg/L，相应悬浮固体含量高达1000～2000mg/L，这两项指标在同一污水站瞬时变化很大。水温一般为30～60℃，个别油田有差异，如华北油田为60～70℃，长庆油田为30℃左右，中原油田为50℃左右。在进行污水处理站工程设计之前对其水质要详细化验分析。

表4－2　国内主要油田有代表性的污水处理站原水水质分析表

油田		大庆		胜利					辽河		中原		华北	长庆	江汉
站名		喇二联	中三污	坨因	辛一	滨二首站	临盘首站	孤一联	兴一联	高升联	明一联	濮一联	雁一联	中区集油站	广华集油站
主要离子含量mg/L	$K^+ + Na^+$	1184	1206	38371	11952	15285	7455	1722	887.8	188.6	30428	48647	929.7	2709.1	75255
	Ca^{2+}	10	8	18	1661	539	414	24	8	44.1	960	252	29.3	3367	545
	Mg^{2+}	1.2	2.4	44	217	148	88	17	4.9	14.6	196	192	7.8	578	57
	Cl^-	833.1	730.3	5900	21804	23453	12223	2044	326.2	212.8	48353	78631	1178.7	48496	116874
	SO_4^{2-}	0	4.8	01	0	612	0	50	0	0	741	1509	11.3	2751	112
	HCO_3^-	1549.9	1769.5	79	402	1860	481	1114	1672	317.3	599	599	552.3	201	322
	CO_3^{2-}	96	102.8	12	0	0	0	17	804	12	—	—	0	0	0
总矿化度mg/L		3674.2	3824.6	10765	36036	41897	20661	4988	2982.7	289.3	81277	132081	2709	83300	195178
pH值		8.85	8.5	7.99	7.15	6.73	7.76	8.1	8.6	8.72	6.5	6.5	7.5	6.4	6.7
总铁，mg/L		0.15	0.01	0.48	6.24	1.23	0.8	0.61	0.07	0	2	2	—	—	1.4
CO_2，mg/L		0	0	—	—	—	—	—	—	—	57.4	74.5	—	—	297
H_2S，mg/L		13	4	0.08	0.02	0.26	0.06	0	—	—	3.1	2.02	—	0.05	—
TGB，个/mL		250	25	4×10^4	0	11.5×10^4	—	2.5×10^4	—	—	—	—	—	—	—
SRB，个/mL		250	250	1.4×10^4	0	1.5×10^4	9.5×10^4	3.1×10^4	—	—	3.5×10^3	3.5×10^2	—	1.6×10^4	—

第四节　含油污水排放标准

采出水原水水质差异较大，处理后或回用于驱油，或达标排放，因此处理污水水质标准也不相同，处理工艺流程也不一样。回用于驱油的水主要是对水质进行净化处理、软化处理和水质稳定处理，而排放水是对水质中的有机物质、有毒物质进行处理，主要采用物理法、化学法、生物法处理。不管采用什么处理方法和手段，都必须达到相关标准所规定的项目和标准值的要求，现将主要水质标准分别介绍如下。

一、回用水质标准

油田注水水质应根据本油田油层性质制定出可行的标准,没有条件制定本油田注水水质标准时,也可采用《碎屑岩油藏注水水质推荐指标》(SY/T 5329—2012)行业标准。

(一)油藏注水水质推荐指标

1. 水质基本要求

(1)水质稳定,与油层水相混不产生沉淀;

(2)水中不得携带大量悬浮物;

(3)对注水设施腐蚀性小。

2. 推荐水质主要控制指标

推荐水质主要控制指标见表4-3。

表4-3　推荐水质主要控制指标

注入层平均空气渗透率,μm^2		≤0.01	>0.01~≤0.05	>0.05~≤0.5	>0.5~≤1.5	>1.5
控制标准	悬浮固体含量,mg/L	≤1.0	≤2.0	≤5.0	≤10.0	≤30.0
	悬浮固体粒径中值,μm	≤1.0	≤1.5	≤3.0	≤4.0	≤5.0
	含油量,mg/L	≤5.0	≤6.0	≤15.0	≤30.0	≤50.0
	平均腐蚀率,mm/a	≤0.076				
	SRB菌,个/mL	≤10	≤10	≤25	≤25	≤25
	IB,个/mL	$n\times10^2$	$n\times10^2$	$n\times10^3$	$n\times10^4$	$n\times10^4$
	TGB,个/mL	$n\times10^2$	$n\times10^2$	$n\times10^3$	$n\times10^4$	$n\times10^4$

注:$1<n<10$;清水水质指标中去掉含油量。

(二)注水水质辅助性检测项目及指标

水质的主要控制指标已达到注水要求,注水又较顺利时,可以不考虑辅助性指标;如果达不到要求,为查其原因可进一步检测辅助性指标。注水水质辅助性检测项目包括溶解氧、硫化氢、侵蚀性二氧化碳、铁、pH值等。注水水质辅助性检测项目及指标见表4-4。

表4-4　注水水质辅助性检测项目及指标

辅助性检测项目	控制指标	
	清水	污水或油层采出水
溶解氧含量,mg/L	≤0.50	≤0.10
硫化氢含量,mg/L	0	≤0.20
侵蚀性二氧化碳含量,mg/L	$-1.0\leq p_{CO_2}\leq1.0$	

注:(1)侵蚀性二氧化碳含量等于零时此水稳定;大于零时此水可溶解碳酸钙并对注水设施有腐蚀作用;小于零时有碳酸盐析出。

(2)水中有亚铁时,由于铁细菌作用可将二价铁转换为三价铁生产氢氧化铁沉淀,当水中含硫化物(S^{2-})时,可生产FeS沉淀,使水中悬浮物增加。

(三)稠油热采注蒸汽发生器给水水质标准

稠油热采注蒸汽发生器是一种“直流式湿蒸汽发生”,工作压力约 17MPa,温度 320℃,产生蒸汽干度为 80% 以下,给水水质应满足以下要求:

(1)不在蒸汽发生器内发生结垢、腐蚀、积盐等事故;

(2)保证热力系统正常运行;

(3)生产出的蒸汽、热水注入油井不堵塞岩层,特别是不堵塞喉道部分,注水性质应与岩层性质相适应,利于驱油。

2015 年国家能源局颁布实施《稠油注汽系统设计规范》(SY/T 0027—2014),该规范对稠油热采注蒸汽锅炉给水水质标准做了规定,当干度小于或等于 80% 时,注汽锅炉的给水水质条件应符合表 4 - 5 的规定。当选用高干度或过热蒸汽注汽锅炉时,应满足所选用设备的给水水质要求。

表 4 - 5 给水水质条件

序号	项目	数量	备注
1	溶解氧,mg/L	≤0.05	
2	总硬度,mg/L	≤0.1	以 $CaCO_3$ 计
3	总铁,mg/L	≤0.05	
4	二氧化硅,mg/L	≤50	
5	悬浮物,mg/L	≤2	
6	总碱度,mg/L	≤2000	以 $CaCO_3$ 计
7	油和脂,mg/L	≤2	
8	可溶性固体,mg/L	≤7000	
9	pH 值	7.5 ~ 11	

注:当碱度大于 3 倍二氧化硅含量时,在不存在结垢离子的情况下,二氧化硅的含量不大于 150mg/L。

二、排放水质标准

排放水质标准较多,除国家标准外还有地方标准。在此介绍两种标准。

(一)《污水综合排放标准》(GB 8978—1996)

表 4 - 6 第一类污染物最高允许排放浓度

序号	污染物	最高允许排放浓度,mg/L	序号	污染物	最高允许排放浓度,mg/L
1	总汞	0.05	8	总镍	1.0
2	烷基汞	不得检出	9	苯并(a)芘	0.00003
3	总镉	0.1	10	总铍	0.005
4	总铬	1.5	11	总银	0.5
5	六价铬	0.5	12	总 α 放射性	1Bq/L
6	总砷	0.5	13	总 β 放射性	10Bq/L
7	总铅	1.0			

表 4-7　第二类污染物最高允许排放浓度(摘录)(1997 年 12 月 31 日之前建设的单位)

序号	污染物	适用范围	一级标准	二级标准	三级标准
1	pH	一切排污单位	6~9	6~9	6~9
2	色度	其他排污单位	50	80	—
3	悬浮物(SS),mg/L	城镇二级污水处理厂	20	30	—
		其他排污单位	70	200	400
4	五日生化需氧量(BOD_5),mg/L	城镇二级污水处理厂	20	30	—
		其他排污单位	30	60	300
5	化学需氧量(COD),mg/L	石油化工工业(包括石油炼制)	100	150	500
		城镇二级污水处理厂	60	120	—
		其他排污单位	100	150	500
6	石油类,mg/L	一切排污单位	10	10	30
7	挥发酚,mg/L	一切排污单位	0.5	0.5	2.0
8	总氰化合物,mg/L	其他排污单位	0.5	0.5	1.0
9	硫化物,mg/L	一切排污单位	1.0	1.0	2.0
10	氨氮,mg/L	医药原料药、染料、石油化工工业	15	50	—

表 4-8　第二类污染物最高允许排放浓度(摘录)(1998 年 1 月 1 日后建设的单位)

序号	污染物	适用范围	一级标准	二级标准	三级标准
1	pH	一切排污单位	6~9	6~9	6~9
2	色度(稀释倍数)	其他排污单位	50	80	—
3	悬浮物(SS),mg/L	城镇二级污水处理厂	20	30	—
		其他排污单位	70	150	400
4	五日生化需氧量(BOD_5),mg/L	城镇二级污水处理厂	20	30	—
		其他排污单位	20	30	300
5	化学需氧量(COD),mg/L	石油化工工业(包括石油炼制)	60	120	500
		城镇二级污水处理厂	60	120	—
		其他排污单位	100	150	500
6	石油类,mg/L	一切排污单位	5	10	20
7	挥发酚,mg/L	一切排污单位	0.5	0.5	2.0
8	总氰化合物,mg/L	其他排污单位	0.5	0.5	1.0
9	硫化物,mg/L	一切排污单位	1.0	1.0	1.0
10	氨氮,mg/L	医药原料药、染料、石油化工工业	15	50	—
		其他排污单位	15	25	—
11	总有机碳(TOC),mg/L	其他排污单位	20	30	—

注:在表 4-7、表 4-8 中,对油田采出水中不可能出现的污染物或不易出现的污染物范围的内容,作了删节。

(二)污水海洋处置工程污染控制标准(GB 18486—2001)

在海滨或附近油田采出水需外排,并符合 GB 18486—2001 中的适用范围,即适用于利用放流管和水下扩散器向海域或向排放点含盐度大于 5 ‰的年概率大于 10% 的河口水域排放污水(不包括温排水)的一切污水海洋处置工程,应考虑油田采出水海洋处置,因为海洋辽阔,水体自净能力强,对水质总矿化度不做限制,对污染物控制指标值相对要高。

(1)进入放流管的水污染物浓度日均值必须满足表4-9的规定。

(2)表4-9中未列出的项目可参照《污水综合排放标准》GB 8978—1996执行。

表4-9 污水海洋处置工程主要水污染物排放浓度限值

序号	污染物项目	标准值	序号	污染物项目	标准值
1	pH	6.0~9.0	21	总汞,mg/L	≤0.05
2	悬浮物(SS),mg/L	≤200	22	总镉,mg/L	≤0.1
3	总α放射性,Bq/L	≤1	23	总铬,mg/L	≤1.5
4	总β放射性,Bq/L	≤10	24	六价铬,mg/L	≤0.5
5	大肠菌群,个/mL	≤100	25	总砷,mg/L	≤0.5
6	类大肠菌群,个/mL	≤20	26	总铅,mg/L	≤1.0
7	生化需氧量(BOD),mg/L	≤150	27	总镍,mg/L	≤1.0
8	化学需氧量(COD),mg/L	≤300	28	总铍,mg/L	≤0.005
9	石油类,mg/L	≤12	29	总银,mg/L	≤0.5
10	动植物油类,mg/L	≤70	30	总硒,mg/L	≤1.0
11	挥发性酚,mg/L	≤1.0	31	苯并(a)芘,μg/L	≤0.03
12	总氰化物,mg/L	≤0.5	32	有机磷农药(以P计),mg/L	≤0.5
13	硫化物,mg/L	≤1.0	33	苯系物,mg/L	≤2.5
14	氟化物,mg/L	≤15	34	氯苯类,mg/L	≤2.0
15	总氮,mg/L	≤40	35	甲醛,mg/L	≤2.0
16	无机氮,mg/L	≤30	36	苯胺类,mg/L	≤3.0
17	氨氮,mg/L	≤25	37	硝基苯类,mg/L	≤4.0
18	总磷,mg/L	≤8.0	38	丙烯腈,mg/L	≤4.0
19	总铜,mg/L	≤1.0	39	阴离子型表面活性剂(LAS),mg/L	≤10.0
20	总锌,mg/L	≤5.0	40	总有机碳,mg/L	≤120.0

第五节 含油污水处理

一、含油污水处理方法

含油污水处理就是采用各种方法将污水中的有害物质除去或降低至达标水平,使污水得以利用。因此,污水利用的目的不同,其处理要求也就不同,将污水作为注水水源和作为配制聚合物的水源的处理要求也是不一样的。为此,为达到含油污水处理后的合理利用,必须充分认识含油污水处理现状。

对于含油污水的处理方法和技术，国内外研究机构一直在不懈地进行深入研究，其目标是要除去污水中的油类、有机物、悬浮物、硫化物、细菌等。在20世纪70年代，各国广泛采用气浮法去除污水中悬浮态乳化油，同时结合生物法降黏有机物。日本学者研究出用电絮凝剂处理含油污水，用超声波分离乳化液，用亲油材料吸附油，近几年发展用膜法处理含油污水，滤膜被制成板式、管式、卷式和空心纤维式。美国还研究出动力膜，将渗透膜做在多孔材料上，应用于水处理中。其处理手段大体以物理方法分离，以化学方法去除，以生物法降黏。含油污水处理难度大，往往需要多种方法组合使用，如重力分离、离心分离、气浮法、化学法、生物法、膜法、吸附法等。

目前，各油田的污水处理技术的针对性较强，国内外油田常用的污水处理方法可大致分为三类：物理法、化学法和生物法。

（一）物理法

物理法是指通过物理作用分离和去除含油污水中不溶于水的悬浮物的方法。物理法所用的设备大都比较简单、操作方便，分离效果良好，使用极为广泛。根据物理作用的不同，污水处理主要有重力沉降法、气浮分离法、过滤除油技术和膜分离技术，都是利用不同的水处理设备将含油污水中有害物质除去或降低其含量。

1. 重力沉降法

重力沉降法除油也叫自然除油，该技术是根据油水密度不同，利用油水密度差使油上浮，达到油水分离的目的。合理的水力设计和污水的停留时间是影响重力沉降法除油效率的两个重要因素：在一定程度上，除油在水流动状态下进行，除油效率与液体的流速及原油密度成正比，对油水密度差值大的污水处理效果好；同时停留时间越长，处理效果越好。重力沉降法除油包括自然沉降除油、斜板（管）除油、粗粒化除油等方法，适用于采油污水的前段处理，含油污水在除油罐中，主要是去除油珠粒径大于100μm的浮油。其代表性工艺流程是“自然沉降—混凝沉降—过滤”工艺，首先将污水经过自然沉降罐除掉大部分浮油和一部分分散油及大颗粒悬浮固体，再经混凝沉降去除大部分分散油和悬浮固体，最后经多级过滤，出水水质可基本满足高渗透油藏注水需要。此工艺20世纪90年代以前在我国各油田得到普遍应用，到目前为止依然是采油污水处理的主要工艺，占到我国采油污水处理设施的60%以上。该工艺简单，应用广泛，其特点是对原水含油量变化适应性强；缺点是当处理水量大时，滤罐数量多，流程相对复杂，自动化程度低，适应于对注水水质要求较低的油田。

2. 气浮分离法

气浮分离法除油，其原理是在含油废水中引入气体，使水中的乳化油粒黏附在所产生的细微气泡上，随气泡一起上浮到水面，形成浮渣，从而回收水中的废油。气浮分离法可以去除废水中粒径大于10μm油滴。气浮分离法的除油效率主要取决于油粒直径、气泡直径和油粒表面的化学性质。气浮分离法效果较好，工艺成熟，但占地面积大，药剂量大，浮渣难处理。气浮分离法又可分为以下三种：

（1）溶气气浮法。所谓溶气气浮法，即加压将空气溶于污水中，随后再降压析气。根据加压的方式和气体流动情况又分为四种：全流加压式、回流式、部分原水式和压气式。选择何种方式处理取决于污水的特点及能耗降低两方面的综合考虑:对于含油量较低的废水,所需浮选池的容积小,可选择全流加压式及部分原水式;原水需预混凝和原水含油量较高的,可选择回流式;压气式溶气气浮工艺的停留时间最短,可通过特殊的喷嘴、多孔板或圆盘,在含油废水中压入气体。

(2)叶轮气浮法。叶轮气浮法是靠叶轮旋转时的吸气作用而进行的气浮法处理工艺。气浮池中心叶轮高速旋转时,在固定的盖板下形成负压,从旁设气管吸入空气,进入水中的空气与循环水流被叶轮充分搅拌,成为细小的气泡甩出导向叶片外面,经整流板稳流后,气泡垂直上升进行气浮,将其应用于含油污水的净化时,除油率可达80%。然而,叶轮浮选机存在生产工艺复杂、维修不便、能耗较高的缺点,它的应用因此存在一定的局限性。

(3)射流浮选法。射流浮选机是近年来出现的一种新型含油污水处理设备,它的结构与叶轮机接近,工作原理是利用喷射泵,当水或净化水从喷嘴高速喷出时,空气在喷嘴的吸入室即形成负压吸入,在混合段,水高速通过时,携带的气体被剪切成微细气泡;在浮选室,油珠随着附着其上的气泡上浮,将油渣带至水面除去。射流泵代替了旋转叶轮,这样可用一个水泵提供动力,节省了能耗,仅相当于叶轮浮选的二分之一,产生气泡直径小,且制造安装简单、维修方便、操作安全,具有很大的研究和应用前景。

3. 过滤除油技术

过滤除油是利用多孔介质从水中分离不溶解固体的技术,主要是采用粒状材料为滤料(如石英砂、核桃壳和无烟煤等)通过润湿聚结和碰撞聚结作用,除去污水中的油和悬浮物。其优点是出水水质好,设备投资少,缺点是运行费用较高,适应负荷变化能力弱,易堵塞。而且,由于滤料粒径受到限制无法进一步减小粒料粒径来提高过滤精度和效率。近年来,随着纤维材料的应用和发展,以纤维材料为滤料的纤维滤料过滤器,一般处理精度可达到出水水质含油小于1.5~2mg/L,悬浮物粒径小于5μm。

4. 膜分离技术

膜分离技术被认为是“21世纪的水处理技术”,是一大类技术的总称,主要包括微滤、超滤、纳滤和反渗透等几类。膜分离产品均是利用特殊制造的多孔材料的拦截能力,以物理截留的方式去除水中一定颗粒大小的杂质。特别是超滤,已经在除油的相关研究中取得了一定的进展,逐渐从实验室走向实际应用阶段。

国外有人采用Membralox陶瓷膜进行了陆上和海上采油平台的采出水处理研究,经过适当的预处理后取得了较好的效果,悬浮物含量由73~290mg/L降低到1mg/L以下,油含量由8~583mg/L降低到5mg/L以下。Simms等采用高分子膜和Membralox陶瓷膜对加拿大西部的重油采出水进行了处理,悬浮物含量由150~2290mg/L降低到1mg/L以下,油含量由125~1640mg/L降低到20mg/L以下。美国加利福尼亚的得克萨斯砂道油田位于萨里纳斯谷,气候干旱,特别是近几年来地下水位降到临界点,因此研究决定向地下水注入高质量的水以补充水源的不足,实验以砂道油田采出水作为水源,用膜法处理使其满足饮用或灌溉要求。Chen等对0.2~0.8μm陶瓷膜处理油田采出水进行了研究,发现经过$Fe(OH)_2$预处理,可使油质量分数由27×10^{-6}~583×10^{-6}降低到5×10^{-6}以下,悬浮固体由73×10^{-6}~350×10^{-6}降低到1×10^{-6}以下,通过反冲和快速冲洗,膜通量能在较长时间内达到3000L/($m^2\cdot h$)。膜分离技术的基本特征见表4-10。

表 4-10 膜分离技术的基本特征

膜类型	孔径大小,μm	功能	膜间压力
微滤(MF)	0.1~0.2	去除悬浮固体	1.72×10^5~3.44×10^5Pa
超滤(UF)	0.01~0.1	去除有机物、细菌和热原质,去除胶体物质,去除悬浮固体,去除染料大分子	1.72×10^5~6.89×10^5Pa (25~100psi)
纳滤(NF)	0.001~0.01	去除病毒,去除大的无机离子,去除分子量在300~1000范围内的有机化合物,去除三价盐	9.30×10^5~15.86×10^5Pa (135~230psi)
反渗透(RO)		去除所有有机化合物,去除所有溶解盐,去除病毒、细菌和热原质	13.80×10^5~68.90×10^5Pa (200~1000psi)

在国内,李永发等用超滤膜处理胜利油田东辛采油厂预处理过的废水,处理后油截留率为97.7%,能达到低渗透油田回注水标准。梁立军等用中空纤维超滤器对大庆油田的注水站的回注水进行了试验,开发的膜组件在通量上比常规的中空纤维组件大3~4倍,在0.08MPa的压差下,其通量最大。温建志等采用中空纤维超滤膜对油田含油废水进行了处理,研究表明,总悬浮固体质量浓度由6.69mg/L下降为0.56mg/L,油质量浓度由127.09mg/L下降为0.5mg/L,达到满意的效果。王怀林等采用南京化工大学膜科学技术研究所生产的0.2μm和0.8μm陶瓷微滤膜对江苏真武油田的采出水进行处理,效果很好。

(二)化学法

化学法是指通过化学手段如向污水中加入化学药剂或采用电化学等方式除去有害物质的方法。含油污水处理的常用化学法主要有如下几种。

1.絮凝技术

絮凝技术可以认为是污水过滤前的预处理技术,该技术主要是通过向污水中加入絮凝药剂,使污水中的悬浮物形成絮凝物聚结下沉,该过程不仅可以除去污水中的悬浮物和胶体粒子,降低COD,而且,还可以除去细菌等。

油田水处理用的絮凝剂主要分为无机、有机和生物絮凝剂三类。无机絮凝剂主要有无机化合物(如硫酸铝、明矾、三氯化铁、硫酸亚铁等)和无机聚合物[聚合氯化铝(PAC)、聚合硫酸铝(PAS)、聚合硫酸铁等高聚物],其中无机聚合物是19世纪60年代后发展起来的一类新型絮凝剂,由于其功效成倍提高,有逐步成为主流絮凝剂的趋势。有机絮凝剂有低分子量的阳离子聚合物和高分子量的聚合物(如聚丙烯酰胺及其衍生物),与无机高分子絮凝剂相比,它的用量少,产生的絮体大,沉降速度快,受共存盐、pH值和温度的影响小,效果明显且种类繁多,在油田水处理中得到广泛应用。由于聚丙烯酰胺具有毒性、难生物降黏,目前天然改性高分子絮凝剂和两性高聚物等环保型的无害水处理剂的研究备受人们关注,如国内新合成的以F691粉(主要成分水溶性多聚糖、纤维素、木质素单宁)为原料的新型高效阳离子絮凝剂FNQD;国外新推出的水处理剂DTC,用于美国墨西哥湾和北海油田水处理中,将处理精度仅能达到60~70mg/L的水处理系统提高至1~2mg/L,效果十分明显。近年来,利用生物技术,通过微生物发酵、抽提、精制而得到的一种新型生物絮凝剂,由于具有无毒、高效和可生物降黏等特点,对水资源的保护有重大的意义,是很有发展前途的绿色絮凝剂。

2.缓蚀技术

缓蚀技术是含油污水处理常用的技术之一,是抑制污水对金属设备腐蚀的有效方法。含油污水的腐蚀因素主要是溶解氧、硫化氢和二氧化碳等引起的酸腐蚀。为了抑制污水对油田金属设备的腐蚀，油田常常在水处理过程中添加适量阻止或减缓金属腐蚀的缓蚀剂。国外油田水处理工艺中缓蚀剂的应用始于19世纪50年代，应用较好的缓蚀剂是有机胺等。我国油田常用的使用效果好的缓蚀剂是季铵盐类、咪唑啉类，中科院研制的IMC系列缓蚀剂在各油田应用取得了良好的效果。

3. 阻垢技术

含油污水通常含有较高浓度的碳酸盐、硫酸盐、氯化物，具有形成碳酸钙、硫酸钙等垢的基本条件，因此，结垢是油田水质控制中遇到的最严重的问题之一。化学阻垢剂是油田最为常用的抑制或减缓结垢的一项工艺技术，油田广泛使用的化学阻垢剂有无机聚磷酸盐、有机磷酸盐、低分子量聚合物和天然阻垢剂。其中应用较好的是低分子量聚合物如聚丙烯酸及其衍生物，该类阻垢剂的优点在于用量低、无毒、不污染环境、阻垢率较高，缺点是生物降黏差，且在高温、高pH、高Ca^{2+}含量下阻垢能力较差。近年来，国外着重开发和研制新的阻垢剂，最近报道的一种新型阻垢剂——聚天冬氨酸，对$CaCO_3$、$BaSO_4$、$CaSO_4$的阻垢率都明显优于聚丙烯酸，且更易生物降黏，表现出很好的发展前景。

4. 杀菌技术

含油污水中普遍存在着硫酸盐还原菌、腐生菌和铁细菌，造成设备腐蚀，并且产生污泥造成地层堵塞。目前国内油田主要采取的措施是向污水中加入化学杀菌药剂，抑制细菌的生长及灭杀细菌。目前，油田广泛应用的杀菌剂主要有机胍类、季铵盐类、异噻唑啉酮等，国内油田使用最广泛的杀菌剂就是季铵盐十二烷基二甲基苄基氯化铵（1227）。季铵盐化合物除了具有较强的杀菌作用还具有缓蚀增效作用，是一种具有多种效能的水处理剂。为了提高杀菌剂效能，常常采用两种杀菌剂复配，其协同效应能显著提高药效。国外最新推荐的过氧乙酸因具有广谱、高效且受pH值及矿化度影响较小而备受青睐。此外，国内外在重点研制和开发一剂多效的多功能水处理剂，如兼具有絮凝、杀菌、缓蚀作用的复合型药剂。

5. 电脱技术

电脱技术也是目前油田常用的污水处理技术，该技术主要是利用电化学的方法对污水进行处理。电脱技术是借助于外加电流来进行氧化还原反应以去除污水中有害物质的方法。在外加电场作用下，污水中的阴离子移向阳极，并在阳极失去电子而被氧化；污水中的阳离子则移向阴极，并在阴极得到电子而被还原。该技术可以有效地去除污水中的有机物、重金属离子、悬浮物，还能进行污水脱色处理。

6. 曝氧技术

曝氧技术是近几年在油田推广的污水处理技术之一，该技术的基本原理实际上就是利用空气中的氧与污水中的还原性物质发生氧化还原反应，而除去污水中的还原性有害成分如Fe^{2+}、S^{2-}及细菌等。该技术工艺比较简单，采用的设备主要是能鼓空气的曝氧设备，各油田使用的曝氧设备有所不同。曝氧设备通常是利用一个喷淋装置，新鲜污水通过喷头喷淋实现了充分曝氧，也有利用水射流泵负压吸空气，使空气与污水充分混合完成污水的曝氧过程，其目的就是使新鲜污水充分与空气中的氧作用，完成污水的氧化还原反应达到除去有害的还原性物质。

(三)生物法

生物法是目前世界上应用最广泛的污水处理技术,该技术较物理法或化学法成本低、投资少、效率高、无二次污染,广泛为各国化工行业采用。我国城市污水采用生物法的占85%以上,油田采用生物法的相对较少,大港油田的氧化塘处理技术就是生物法处理技术。生物法处理技术的机理就是采用一定的人工措施,创造有利于微生物生长、繁殖的环境,使微生物大量繁殖,在繁殖的过程中,这些以污水中的有机物作为营养源的微生物通过氧化作用吸收分解有机物,使其转化为简单的CO_2、H_2O、N_2、CH_4等,从而使污水得以净化。生物法从微生物对氧的需求上可分为好氧生物法和厌氧生物法,从处理的过程形式上可以分为活性污泥法、生物膜法和氧化塘法。

1. 活性污泥法

活性污泥法是目前应用较广泛的一种生物技术,它是将空气连续鼓入污水中,污水经过一段时间的暴气后,水中会产生一种以好氧菌为主体的茶褐色絮凝体,其中含有大量的活性微生物,这种含有活性微生物的絮凝体就是活性污泥。这种微生物以污水中溶解性有机物为食料,获得能量,并不断生长繁殖。活性污泥的结构松散,表面积很大,对污水中的有机物有着强烈的吸附、凝聚和氧化分解能力,从而使污水得以净化。

2. 生物膜法

生物膜法和活性污泥法一样同属于好氧生物处理方法。活性污泥法是靠暴气池中悬浮流动着的活性污泥来净化污水,而生物膜法是利用固定于固体介质表面的微生物来净化污水,这种方法也称为生物过滤法。与活性污泥法相比,生物膜法管理较方便。由于微生物固着于固体表面有利于微生物的生长,高级微生物越多,污泥量就越少。一般认为,生物膜法比活性污泥法的剩余污泥量要少。

3. 氧化塘法

氧化塘是能够提供有机物分解的大型浅池,塘内有大量好氧微生物和藻类。氧化塘法的特点是投资少,管理简单,但占地面积较大。除暴气塘需要机械暴气外,其他各种氧化塘皆不依赖动力来充氧,而是充分发挥天然生物净化功能。氧化塘一般采用水面自然复氧和藻类光合作用复氧,其运行情况随温度和季节的变化而变化。该技术要求污水停留几天或几个月,因此,处理措施的耗时较长。目前,大港油田的污水处理采用了氧化塘法。

部分含油污水主要处理方法比较见表4-11。

表4-11 部分含油污水主要处理方法比较

方法名称	适用范围	去除粒径,μm	主要优缺点
重力分离法	浮油及分散油	>60	效果稳定,运行费用低,处理量大;占地面积大
粗粒化法	分散油及乳化油	>10	设备小,操作简便;易堵,有表面活性剂时效果差
过滤法	分散油及乳化油	>10	水质好,设备投资少,无浮渣;滤床要反复冲洗
吸附法	溶解油	10	水质好,设备占地少;投资高,吸附剂再生困难
浮选法	乳化油、分散油	>10	效果好,工艺成熟;占地大,药剂用量大,有浮渣
膜分离法	乳化油及溶解油	<60	出水水质好,设备简单;膜清洗困难,运行成本高

二、含油污水处理工艺

含油污水成分比较复杂,油分含量及油在水中存在的形式也不相同,且多数情况下常与其他废水相混合,因此单一方法处理往往效果不佳。同时,因各种方法都有其局限性,在实际应用中通常是两三种方法联合使用,使出水水质达到排放标准。在设备方面,国外开发应用的设备有许多不同类型,其处理效率都较高,如使用较广泛的气浮选装置就有立式和卧式,除油效率达 98% 以上;精细过滤设备对悬浮物的控制含量小于 1mg/L,颗粒直径小于 1μm。同时,研究者开发了精细过滤器,PE、PEC 微孔过滤器等,对 2μm 颗粒的控制能力在 85% ~95% ,基本满足了各种地层的注水水质要求。

国内外含油污水处理工艺是基本相同的,主要分为除油和过滤两级处理,处理污水进行回注,根据注水地层的地质特性,确定处理深度标准,选择净化工艺和设备,对渗透性好的地层,一般污水经除油和一段过滤后即进行回注;面对低渗透地层,则要进行二级或三级过滤。由于各油田的生产方式、环境要求以及处理水的用途不同,使含油污水处理工艺差别较大。在这些工艺流程中,常见的一级处理有重力分离、浮选及离心分离,主要除去浮油及油湿固体;二级处理有过滤、粗粒化、化学处理等,主要是破乳和去除分散油;深度处理有超滤、活性炭吸附、生化处理等。如美国得克萨斯贝克斯油田,污水经气浮选、双滤料过滤器、滤芯式过滤器处理后即可回注;俄罗斯曾对高渗透层的重力沉降过滤流程改造为聚结过滤和气浮选法配套工艺,收到明显的效益。含油污水处理常见工艺形式如图 4 -1 所示。

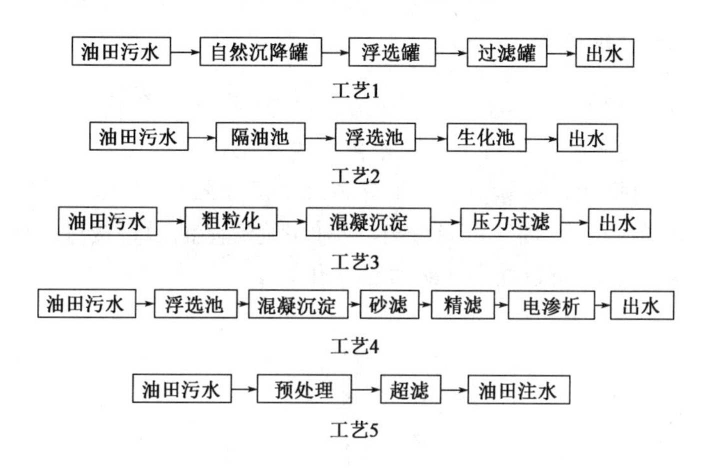

图 4 -1 含油污水处理常见工艺形式

工艺 2、工艺 3 处理后出水外排;工艺 4 处理后的水用作热采锅炉给水;工艺 1、工艺 5 处理后的水用于回注。目前国内外除油阶段主要采用的技术方法有重力式隔油罐技术、压力沉降除油技术、气浮选除油技术、水力旋流除油技术等。

目前,国内含油污水处理工艺流程,由于污水水质差异较大,处理流程种类较多,现针对不同原水水质特点、净化处理要求,按照主要处理工艺过程,大致可划分为重力式、压力式、浮选式和开式生化污水处理流程。

(一)重力式污水处理流程

重力式污水处理流程如图 4 -2 所示。20 世纪七八十年代在国内各陆上油田较普遍采用，从脱水转油站送来的原水经自然收油初步沉降后，投加混凝剂进行混凝沉降，再经过缓冲、提升，进行压力过滤，滤后水再加杀菌剂，得到合格的净化水，外输用于回注。滤罐反冲洗排水用回收水泵均匀地加入原水中再进行处理。回收的油送回原油集输系统或者用作燃料。

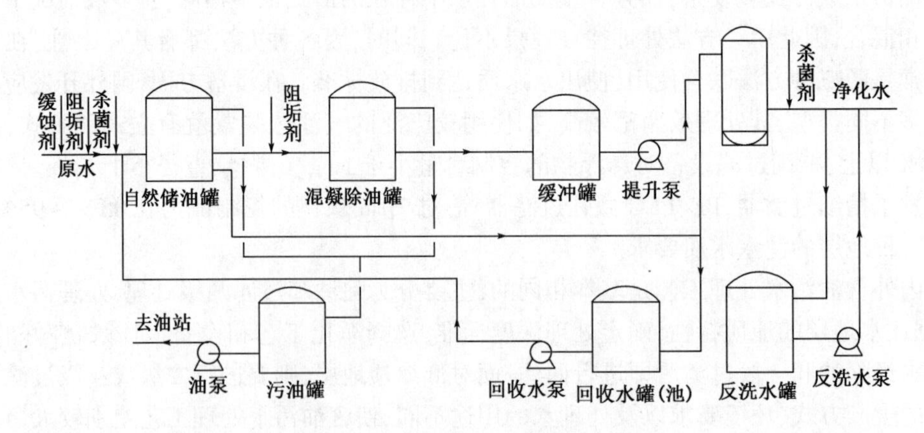

图4-2　重力式污水处理流程图

重力式污水处理流程处理效果良好，对原水含油量、含水量变化波动适应性强，自然除油回收油好，投加净化剂混凝沉降后净化效果好。但当处理规模较大时，压力滤罐数量较多、操作量大，处理工艺自动化程度稍低。当对净化水质要求较低，且处理规模较大时，可采用重力式单阀滤罐提高处理能力。

(二)压力式污水处理流程

压力式污水处理流程如图4-3所示。该流程是20世纪80年代后期和90年代初才发展起来的，它加强了流程前段除油和后段过滤净化。脱水站送来的原水，若压力较高，可进旋流除油器；若压力适中，可进接收罐除油。为了提高沉降净化效果，在压力沉降之前增加一级聚结(粗粒化)，使油珠粒径变大、易于沉降分离，或采用旋流除油后直接进入压力沉降罐。根据对净化水质的要求可设置一级过滤和二级过滤净化。

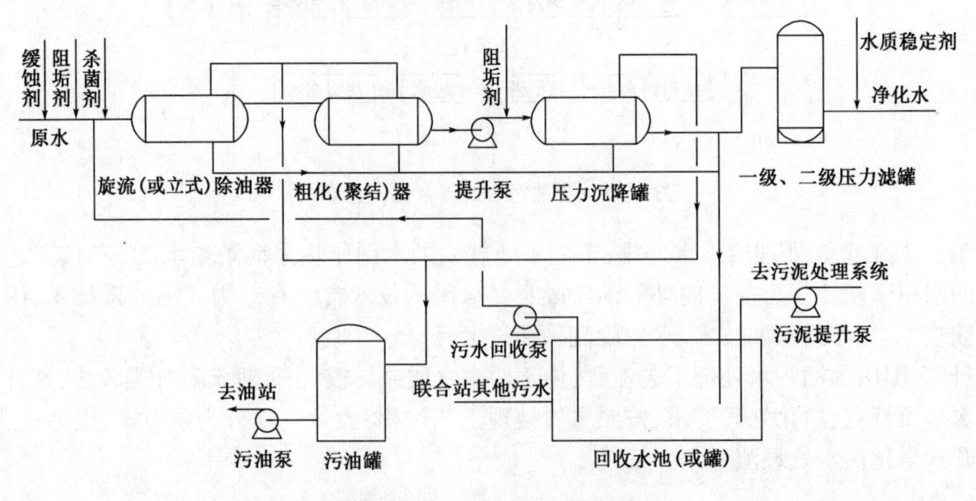

图4-3　压力式污水处理流程图

压力式污水处理流程净化效率较高，效果良好，污水在处理流程内停留时间较短，但适应水质、水量波动能力稍低于重力式污水处理流程。旋流除油装置可高效去除原水中含油，聚结分离可使原水中微细油珠聚结变大，缩短分离时间，提高处理效率。该流程系统机械化、自动化水平稍高于重力式污水处理流程，现场预制工作量大大降低，且可充分利用原水来水水压，减少系统二次提升。

（三）浮选式污水处理流程

浮选式污水处理流程如图4－4所示。该流程主要是在借鉴20世纪80年代末、90年代初从国外引进污水处理技术的基础上，结合国内各油田生产实际需要而发展起来的。该流程首端大都采用溶气气浮，再用诱导气浮或射流气浮取代混凝沉降设施，后端根据净化水回注要求，可设一级过滤和精细过滤装置。

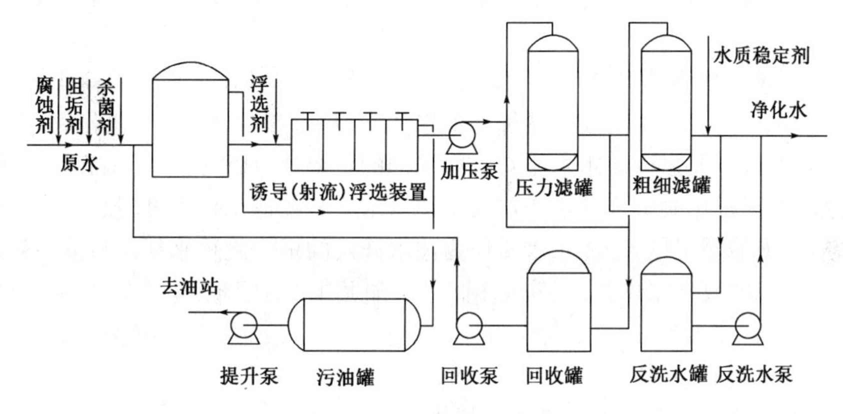

图4－4　浮选式污水处理流程图

浮选式污水处理流程处理效率高，设备组装化、自动化程度高，现场预制工作量小。因此，广泛应用于海上采油平台，在陆上油田，尤其是稠油污水处理中也被较多应用。但该流程动力消耗大，维护工作量稍大。

（四）开式生化污水处理流程

开式生化污水处理流程如图4－5所示。该流程是针对部分含油污水采出量较大、回用量不够大、必须处理达标外排而设计的。原水经过平流隔油池除油沉降，再经过溶气气浮池净化，然后进入曝气池、一级、二级生物降解池和沉降池。最后提升经砂滤或吸附过滤达标外排。

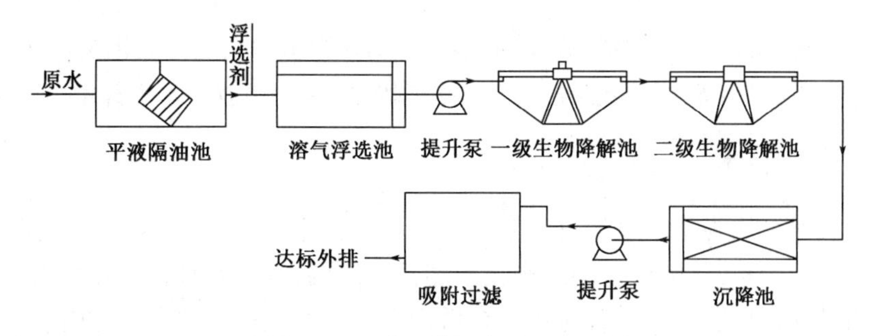

图4－5　开式生化污水处理流程图

一般情况，通过上述开式生化污水处理流程净化，排放水质可以达到《污水综合排放标准》（GB 8978—1996）要求。对于少部分含油污水，水温过高，若直接外排，将引起受纳水体生态平衡的破坏,因此尚需在排放前进行淋水降温处理;对于少部分矿化度高的含油污水,有必要进行除盐软化,适当降低含盐量,以免引起受纳水体盐碱化。

三、含油污水处理技术的发展趋势

从世界石油开发历史看,注水开发是提高油田最终采收率和开发效益的主要方式,注水开发技术与管理水平直接影响油田开发的最终效益。油田开发进入二次采油阶段后,油田注水工作将贯穿于油田开发的全过程,涵盖了采出液处理、污水净化、污水回注等诸多工作。长期的油田注水实践证明,作为注水源头的注水水质是实现油田高效开发的关键。注水水质不但对水驱油藏的开发效果有着重要的影响,而且对地面工程设备、设施的功能发挥、使用寿命等带来后续效应,在很大程度上制约着地面工程系统的运行质量与效益,这些都将最终体现在注水开发效益上。

2005 年开展的中国石化油田注水大调查工作发现,注水开发油田中暴露出来的许多问题都与注水水质直接有关。因此,在强调加强油田注水、搞好二次采油、实现东部老油田稳产和提高开发效益时,首先要强调注水水质对二次采油的重要性,从思想认识上提高对水质的重视程度。近年来,中国石化股份公司逐步加大了注水水质的改造工作力度,投资 9 亿元开展了为期 3 年的水质专项治理工作,把注水水质作为注水开发的重中之重来抓。目前,各油田公司逐步加大了注水水质的改造工作力度,牢固树立"水油并重"的思想,全力开展注水水质达标改善,涌现出一大批新技术和新方法,油田注水水质有了明显改善,有力地支持了注水开发油田的稳产增产和开发效益的提高。

含油污水处理技术近期的研究有如下趋势:

(一)新型水处理药剂的研制和开发

混凝剂是油田采出水、钻井污水等处理中重要的药剂,研制混凝能力强、能够快速破乳、沉降速度快、絮凝体积小、在碱性和中性条件下同样有效的新型混凝剂,是水处理药剂开发者致力的方向。近年来,研制和应用原料来源广的聚合铝、铁、硅等混凝剂成为热点,无机高分子混凝剂的品种已经逐步形成系列;而在有机方面,有机混凝剂复合配方的筛选和高聚物枝接是研究的重点。

(二)先进设备的研制和新技术的应用

陈忠喜等开发出的横向流含油污水除油器,E. Bessa 等采用光催化氧化技术,S. Rubach 等采用电絮凝技术等都取得了较好的效果。另外,微波能技术和超声波技术也都是今后研究的重点。

(三)生物处理技术

生物处理技术被认为是未来最有前景的污水处理技术,一直是水处理工作者研究的重点和难点。特别是近年来,伴随着基因工程技术的长足发展,以质粒育种菌和基因工程菌为代表的高效降解菌种的特性研究和工程应用是今后污水生物处理技术的发展方向。

(四)膜分离技术的研究及推广

膜生物反应器(MBR)(图 4-6)技术,是将膜分离技术与废水生物处理技术组合而成的新工艺。该工艺是以膜分离技术替代传统二级生物处理工艺中的二沉池，具有处理效率高、出水水质稳定；占地面积小；剩余污泥量少，处置费用低；结构紧凑，易于自动控制和运行管理；出水可直接回用等特点。

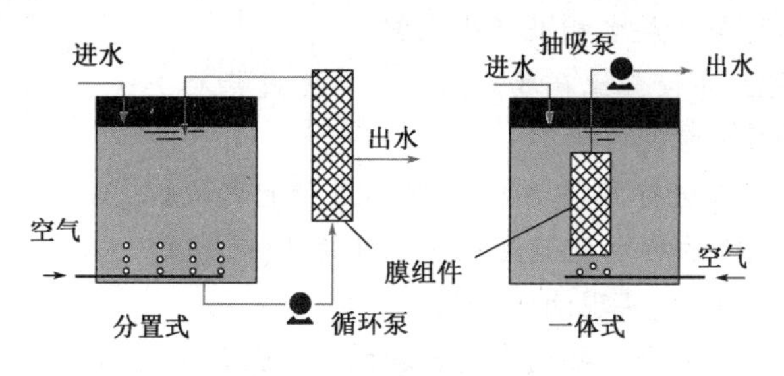

图4-6 膜生物反应器

目前膜生物反应器已经开始在欧洲、北美、南非、日本等地区工业化应用，用于处理城市污水、楼宇生活污水、粪便污水、微污染水源水等。另外，对于膜生物反应器处理垃圾渗滤液等高浓度有机废水、造纸废水、制革废水、印染废水、焦化废水以及其他有毒工业废水已成为国内外研究的热点，并且都取得了良好的效果。

Scholz. W 等(2000)对 MBR 处理含乳油和表面活性剂废水进行了研究，在进水 COD 保持在1464~7877mg/L、TOC 为 450~2670mg/L、烃类为 500~3000mg/L、表面活性剂为 35~210mg/L、停留时间 13.3h 的 8 种工况条件下，得出燃油类污染物去除率在 99.2%~99.9%，膜透过液的油浓度不超过 0.3mg/L，润滑油在反应器中油浓度不超过 10g/L，透过液油浓度在 0.036~0.048mg/L，对表面活性剂的去除率达到了 92.9%~99.3%。另外，研究还对超滤工艺和 MBR 工艺对烃类化合物的截留效率进行了比较，表明在 MBR 中油类污染物最终得到了降解，而不仅仅是浓缩。

在我国，膜生物反应器作为污水再生回用的一项高新技术，其开发与研究也越来越深入。虽然目前膜生物反应器在我国的实际应用还较少，然而，在水资源日益紧缺的情况下，随着膜技术的发展、新型膜材料的开发以及膜材料成本的逐渐下降，膜生物反应器将会有较好的应用前景。

膜分离技术用于含油污水处理，目前尚处于工业性试验阶段，难以大规模工业应用的原因主要是膜的成本和膜污染问题。因此，今后的研究重点是：开发质优价廉的新材料膜；减少膜污染的方法；清洗方法的优化以及清洗剂的开发。膜生物反应器工艺，作为膜分离技术和生物处理技术的结合体，集中了两种技术的优点，已经在一些工业废水处理中应用，但目前未见其应用于含油污水处理的报道。但就其自身特点而言，膜生物反应器应用于含油污水处理已势在必行。今后，开发工艺更为先进的复合反应器，进一步提高处理效率，减少占地面积，是处理含油污水的大方向。

思考题

一、选择题

1. 下列不属于含油污水来源的是(　　)。

A. 采出水　　B. 湖泊水

C. 洗井水及其污染物　　D. 钻井污水

2. 下列不属于油田净化污水回注分析项目的是(　　)。

A. 含氮量　　B. pH 值　　C. 硫化物　　D. 细菌数量

3. 下列选项中关于油藏注水水质推荐指标说法正确的是(　　)。

A. 油藏回注水可与油层水相混产生沉淀

B. 水注入油层后,不使黏土矿物产生水化膨胀或悬浊

C. 水中可得携带大量悬浮物

D. 当采用两种水源进行混合注水时,可不进行室内试验

4. 下列关于重力沉降法污水处理说法不正确的是(　　)。

A. 基于油水密度不同,实现油水分离

B. 影响重力除油的两个重要因素是合理的水力设计和污水的停留时间

C. 重力沉降除油包括自然沉降除油、斜板(管)除油、粗粒化除油等方法,适用于采油污水的后段处理

D. 该工艺简单,应用广泛,其特点是对原水含油量变化适应性强

5. 含油污水在除油罐中,主要是去除油珠粒径大于(　　)的浮油。

A. 1000μm　　B. 100μm　　C. 50μm　　D. 10μm

6. 油田水处理用的絮凝剂主要分为无机、有机和生物絮凝剂三类。下列选项中不属于无机絮凝剂的是(　　)。

A. 聚合氯化铝(PAC)　　B. 聚合硫酸铝(PAS)

C. 聚合硫酸铁　　D. 聚丙烯酰胺及其衍生物

7. 下列含油污水处理方法中,不属于物理法的是(　　)。

A. 絮凝技术　　B. 重力分离法

C. 筛滤截留法　　D. 离心分离法

8. 下列含油污水处理工艺中,处理的污水用作热采锅炉给水的是(　　)。

A. 油田污水→隔油池→浮选池→生化池→出水

B. 油田污水→自然沉降罐→浮选罐→过滤罐→出水

C. 油田污水→粗粒化→混凝沉淀→压力过滤→出水

D. 油田污水→浮选池→混凝沉淀→砂滤→精滤→电渗析→出水

9. 下列流程属于重力式流程的是(　　)。

A. 自然(或斜板)除油—混凝沉降—压力(或重力)过滤流程

B. 旋流(或立式除油罐)除油—聚结分离—压力沉降—压力过滤流程

C. 接收(溶气浮选)除油—射流浮选或诱导浮选—过滤、精滤流程

D. 隔油—浮选—生化降解—沉降—吸附过滤流程

10. 下列选项中属于膜分离法缺点的是(　　)。

A. 出水水质好,设备简单　　B. 膜清洗困难,运行成本高

C. 占地面积大　　D. 滤床要反复冲洗

二、判断题

1. 油田含油污水指油田采出水。　　(　　)

2. 重力沉降除油时间越长除油效果越好。　　(　　)

3. 含油污水中胶体粒径可大于100nm。 ( )

4. 一般水的pH值越高,结垢的趋势就越大。 ( )

5. 浊度是衡量水质的一个重要水质指标,水的浊度越高标志着地层越不易发生堵塞。 ( )

6. 当注水中二氧化碳含量大于零时,此水可溶解碳酸钙并对注水设施有腐蚀作用。 ( )

7. 曝氧技术属于含油污水处理技术中的物理法水处理技术。 ( )

8. 生物膜法和活性污泥法一样同属于厌氧生物处理方法。 ( )

9. 压力式污水处理流程处理净化效率较高,效果良好,污水在处理流程内停留时间较短,但适应水质、水量波动能力稍低于重力式流程。 ( )

10. 膜生物反应器(MBR)技术,是膜分离技术和生物处理技术的结合。 ( )

三、简答题

1. 含油污水的来源有哪些?其危害是什么?

2. 油藏注水水质的基本要求有哪些?

3. 试述含油污水处理的一般工艺过程。

4. 常见的污水处理方法有哪些?

5. 试述当前我国的含油污水处理技术。

参考文献

[1] 刘德绪. 油田污水处理工程[M]. 北京:石油工业出版社,2001.

[2] 辛寅昌,王彦玲. 胶体与界面化学在石油工业中的应用[M]. 北京:石油工业出版社,2014.

[3] 张翼,林玉娟,范洪富,等. 石油石化工业污水分析与处理[M]. 北京:石油工业出版社,2006.

[4] 沈琛. 油田污水处理工艺技术新进展[M]. 北京:中国石化出版社,2008.

[5] 黄远,王松练,周芳德. 油田地面工程建设新技术[M]. 北京:石油工业出版社,2012.

[6] 屈撑囤,杨鹏辉,李彦. 油气田含油污水处理技术[M]. 北京:石油工业出版社,2015.

第五章 含油污泥处理技术

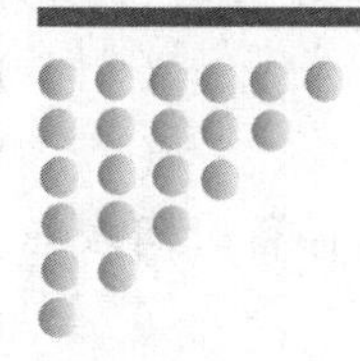

在油田开发生产过程中,原油生产储运系统和油田污水处理系统都会产生含油污泥。含油污泥产量高,成分复杂,有害物超标,严重影响现场生产工况,增加生产成本。同时,还会直接危害到人类的生存环境及身体健康。此外,含油污泥中含有大量污油和可燃物质,直接排放更是资源浪费。基于经济、社会和环境协调发展的需求,含油污泥无害化处理和资源化利用问题亟待解决。

第一节 含油污泥的产生过程

油田的含油污泥主要包括石油勘探及开采和运输过程中产生的落地油泥,油气水在集输、分离、存储过程中各种构筑物底部沉降产生的底泥。含油污泥的主要成分为原生矿物、次生矿物、原油、有机高分子化合物和杂物。油田开发生产中,试油试采、井下作业、洗井等过程均可产生落地油,另外管道穿孔、站库检修、场站事故排污等原因,也可产生落地油和含油污泥,所有这些污泥回收处理难度大,如果没有经济、适用的处理设施,往往会造成环境污染。根据统计资料,施工作业产生的落地油,人工可回收其中的95%左右,仍有5%的落地油因与土壤、杂草掺杂在一起而难以回收,由此产生大量的含油污泥。

概括来说,含油污泥主要有三种来源:原油开采产生含油污泥、油田集输过程产生含油污泥、炼油厂污水处理场产生含油污泥。

一、原油开采产生含油污泥

原油开采过程中产生的含油污泥主要来源于地面处理系统。采油污水处理过程产生的含油污泥,再加上污水净化处理中投加的净水剂形成的絮状体,设备及管道腐蚀产物和垢物、细菌等组成了含油污泥,此种含油污泥一般具有油含量高、黏度大、颗粒细、脱水困难等特点,它不仅影响外输的原油质量,还导致注水水质和外排污水难以达标。

二、油田集输过程产生含油污泥

油田集输过程产生的含油污泥主要来源于接转站、沉降罐、联合站的油罐底泥,隔油池底泥,污水罐底泥,炼厂含油污水处理设施、轻烃加工工厂、天然气净化装置清除来的油泥、油沙以及钻井作业、管线穿孔而产生的落地原油及其含油污泥。油品储罐在储存油品时,油品中少量的机械杂质、泥土、沙粒、重金属盐类以及沥青和石蜡质等重油性组分沉积在油罐底部,形成罐底油泥。据调查测试发现,油罐底泥中大约25%为水,5%的无机沉淀物为泥沙,70%左右为碳氢化合物,其中石蜡占6%,污泥灰分占4.8%,沥青质占7.8%。

三、炼油厂污水处理场产生含油污泥

炼油厂污水处理场的含油污泥主要包括浮选池投加絮凝剂气浮产生的浮渣、隔油池池底沉积的油泥、曝气生化原油罐底的剩余活性污泥,俗称"三泥"。这些含油污泥的组成成分复杂各异,通常含油率在10%~50%,含水率40%~90%,同时伴有一定量的固体杂质。其含油污泥一般由乳化油、水及悬浮固体杂质组成,是一种极其稳定的悬浮乳状液体系,由于水合和带电性使其形成了稳定的分散状态,含油污泥中的大多数颗粒是相互排斥的,非相互吸引。由于其固体含水率高,含油量低,因而体积庞大。污泥中油的成分也比较复杂,有浮油、分散油、乳化油、溶解油等,致使含油污泥的黏度大,难于脱水。

近年来,随着进厂原油性质的变化,"三泥"积累越来越多,每年由于油水的严重乳化,含油污泥在碱坑内沉降分离出的难挥发油层覆盖在大量的水层表面,使水分难以蒸发,因此含油污泥越积越多,造成油田环境污染严重的恶化。因而,解决"三泥"的后续问题,已经迫在眉睫。

第二节　含油污泥中污染物的危害

含油污泥实际不是一般概念的污泥,其本身成分复杂,含有大量老化原油、胶体、蜡质、盐类、细菌、酸性气体、腐蚀产物等。由于在污水处理过程中投加了大量凝聚剂、阻垢剂、杀菌剂、缓蚀剂等水处理药剂,因此,在不同的污水水质、处理工艺和药剂加入的条件下,含油污泥的物性和排出量差异较大。同时,含油污泥由大量的悬浮状絮体组成,吸附了原油和其他机械杂质,成为含水率很高的胶体状物质,又由于在污水处理流程中不同化学处理药剂的使用,使得油泥中各类污染物与无机固形物之间的桥联结构稳固、充分乳化,其结构成分更加复杂化。将含油污泥常见污染物分为四类,即多环芳烃为主的有机污染物,重金属与盐类为主的无机污染物,污泥中的有害微生物与细菌,以及少量放射性元素。因此含油污泥也成为影响油田及周边环境质量的难题之一。

含油污泥对人类生产生活所带来的危害,可分为环境危害和生产危害两个方面。

一、环境危害

含油污泥给环境带来的危害取决于其组成中的重金属组分与有机组分。含油污泥中大量的有害微生物、细菌,多环芳烃、苯系物等有机污染物,重金属盐类以及放射性元素等难降解的有毒有害物质,如不能得到及时有效的处理,不仅形成严重的环境污染,也造成了大量石油资源的浪费。含油污泥已经成为影响油田周边环境的一个重要因素,正逐渐引起国内外油田的关注,已被列入国家危险废物名录。

(一)污染空气

含油污泥中含有大量有机烃类物质,他们普遍具有挥发性,易挥发出苯等具有恶臭的有害气体,污染大气,且在一定的温度和湿度条件下易被土壤中的微生物分解成多种有害气体,对周边地区空气质量造成恶劣的影响。从而进一步影响人们的工作、生活,以及对人们的身体健康造成危害。同时含油固体废弃物中的颗粒、粉尘也是一种重要的大气污染物之一。

(二)污染土壤

由于我国目前还没有形成完善的含油污泥处理制度,致使油田产生的大量含油污泥都统一堆放在指定地点,得不到处理的含油污泥越积越多,占用了大量土地。由于堆放的时间过长,含油污泥中的有害组分会随着长期的雨水冲刷渗入到土壤当中,对土质和土壤结构造成危害。此外,由于固体废弃物的不可稀释性等特点,它的长期滞留所带来的危害,一旦形成将很难恢复补救。

(三)污染水体

含油污泥对水体的污染分为两个方面:一是内陆油田对河流、湖泊及地下水的污染;二是近海油田对海水的污染。油田产生的含油污泥堆积在地表,会随着天然降水流进大小河流、湖泊,其中较小颗粒也会随飘移落入水域,造成对地面水的污染。含油污泥中的固体废弃物也会随雨水渗透到土壤当中,造成地下水体的污染,其危害也是不容忽视的,会对人类的身体健康造成极大的威胁。由于石油中含有微量有害重金属组分,近海油田排放的含油污泥中,这些有害物质可通过多种途径进入海洋当中,污染海洋环境和造成海水的富营养化,危害海洋生物的生命。

(四)生态污染

含油污泥对土壤和地下水造成的污染,对周围的生态环境及人类的健康产生了严重的危害。堆积的含油污泥覆盖了大面积的绿色植物,同时由于土地毒化、酸化或碱化,限制了植物的生长,大量的动植物死亡,生态平衡、生态循环遭到破坏,如此形成了一个恶性循环。一旦造成此类现象,往往很难补救恢复。

二、生产危害

含油污泥严重影响了回注水中悬浮物的含量,通常超标严重,对环境影响恶劣,治理困难。含油污泥可堵塞地层,降低油层的吸水能力,升高注水压力。污水净化罐、油水分离罐、污水池中沉积了大量泥砂颗粒,这些沉积的污泥使清罐周期不断的缩短,对正常生产带来了不利影响。含油污泥已于 1998 年列入国家危险废物名录,并在 2003 年出台的《排污费征收标准管理办法》中,明确了油泥砂污染物的收费标准由原来的 0.3 元每吨每月上调为 1000 元每吨每月。目前已经产生的和未来油田生产过程中即将产生的大量含油污泥,对油田周围地区的生态环境构成了巨大威胁。而随着新的固体废弃物管理法的实施,要求对未处置的已发生危险固体废弃物进行排污费的补征,相应的也给油田带来了相当一部分经济压力。为了解决这一问题,寻找一种高效可行的综合处理含油污泥的方法,在解决含油污泥的污染问题的同时,回收其中的石油资源,使处理后的含油污泥达到生态环境部的排放标准,已经成为当今油田降低成本和可持续发展的必由之路。

第三节　含油污泥处理方法

油田含油污泥处理技术发展到现在,处理的方法很多,主要分为物理化学法和生物法。物理化学法是通过物理或化学作用使得油泥得到处理或净化的过程,主要包括填埋法、焚烧法、溶剂萃取法、超临界法、浓缩干化法、固化作用法、热熔玻璃化法、隔离/控制法、淋滤冲洗法、汽提法、化学氧化法、光降解法、浮选除油法、溶剂—声波处理法等。生物法是利用自然界或人工筛选的微生物,利用微生物的代谢活动,分散剥离或者降解油泥中的原油,从而实现含油污泥处理的目的。以下仅介绍几种常用的处理方法。

一、物理化学法

(一)填埋法

填埋法是一种最简单、最古老、最原始的一种处理方法。填埋法又可分为海洋处置和陆地处置两大类。

1. 海洋处置

海洋处置主要分为海洋倾倒与远洋焚烧两种方法。海洋倾倒是将含油污泥直接投入海洋的一种处置方法。它的根据是:海洋是一个庞大的废弃物接受体,对污染物质能有极大的稀释能力。进行海洋倾倒时,首先要根据《海洋环境保护法》有关法律规定,选择处置场地,然后再根据处置区的海洋学特性、海洋保护水质标准、处置废弃物的种类及倾倒方式进行技术可行性研究和经济分析,最后按照设计的倾倒方案进行投弃。远洋焚烧,是利用焚烧船将含油污泥在船上进行焚烧的处置方法。废物焚烧后产生的废气通过净化装置与冷凝器后,形成冷凝液排入大海,气体排入大气,残渣倾入海洋。

2. 陆地处置

陆地处置的方法有多种,包括土地填埋、土地耕作、深井灌注等。土地填埋是由传统的堆放和填地处置发展起来的一项处置技术,也是目前处置含油污泥的主要方法。按法律划分又可分为卫生土地填埋法和安全卫生填埋法。卫生土地填埋法是处置一般固体废弃物使之不会对公众健康及安全造成危害的一种处置方法,主要用来处置城市垃圾。通常把运到土地填埋场的废弃物在限定的区域内铺撒成一定厚度的薄层,然后压实以减少废弃物的体积,每层操作之后用土壤覆盖,并压实。压实的废弃物和土壤覆盖层共同构成一个单元,具有同样高度的一系列相互衔接的单元构成一个升层,完整的卫生土地填埋场是由一个或多个升层组成的。在进行卫生填埋场地选择、设计、建造、操作和封场过程中,应该考虑防止浸出液的渗漏、降解气体的释出控制、臭味和病原菌的消除、场地的开发利用等问题。安全卫生填埋法是卫生土地填埋方法的进一步改进,对场地的建造技术要求更为严格。土地填埋场必须设置人造层或天然衬里,最下层的土地填埋物要位于地下水位之上,要采取适当的措施控制和引出地表水,要配备浸出液收集、处理及监测系统，采用覆盖材料或衬里控制可能产生的气体以防止气体释出，要记录所处置的废弃物的数量。

填埋处理最需注意下渗与侧渗，因此填埋选址应远离居民区并具有良好的水文地质条件。填埋场要设计可靠的渗滤液、雨水收集和控制系统，为了防止废渣渗出液对地下水和地表水的污染，填埋场应设计不渗透或低渗透衬层。对不同种油泥废渣混合填埋时，要考虑废渣的相容性，以防止不同废渣间发生反应、燃烧、爆炸或产生有害气体。同时废渣场要设计可靠的监控系统，以监测渣场对地下水和周围土壤的影响。采用这种方法处理油田含油污泥，占地面积很大，工程量和资金的投入也很大，而且对地下水、地表水、土壤等造成污染的危险系数较高，因此，这种方法不是处理含油污泥的理想方法。

（二）焚烧法

焚烧使泥中的可燃成分在高温下充分燃烧，最终成为稳定的灰渣。焚烧法具有减容、减重率高，处理速度快，无害化较彻底，余热可用于发电或供热等优点。近年来，焚烧采用了合适的预处理工艺和先进的焚烧方法，满足了越来越严格的环境要求，污泥焚烧技术已经逐步成为处理污泥的主流，越来越受到世界各国的青睐。

1. 焚烧分类

焚烧大致分为干燥、热分解和燃烧三个阶段。在实际焚烧过程中，这三个阶段没有明显的界线，只不过在总体上有时间上的先后差异而已。

干燥阶段是利用热能使水分汽化，并排出生成的水蒸气的过程。干燥过程需要消耗较多的热能，含水率越高，干燥阶段也就越长，从而使炉内温度降低，影响焚烧阶段，最后影响整个焚烧过程。如果污泥水分过高，会导致炉温降低太大，着火燃烧就困难，此时需添加辅助燃料，以提高炉温，改善干燥着火条件。

热分解是污泥中有机可燃物在高温作用下的分解或聚合化学反应过程，反应产物包括各种烃类、固定碳及不完全燃烧物等。有机可燃物热分解速度可以用 Arrhenius 公式表示为

$$K = A\mathrm{e}^{-E/RT}$$

式中 K——热分解速度；

A——频率系数；

E——活化能；

R——气体常数；

T——热力学温度。

有机可燃物活化能越小，热分解温度越高，则其热分解速度越快。同时，热分解还和传热及传质速度有关。在实际操作中，应保持良好的传热性能，使热分解在较短的时间内彻底完成，这是保证污泥燃烧完全的基础。

在燃烧阶段，热解产生的不同种类的气态可燃物、固态可燃物与空气混合，达到着火所需的必要条件时就会形成火焰而燃烧。因此焚烧是气相燃烧和非均相燃烧的混合过程，比气态燃料和液态燃料的燃烧更复杂。同时燃烧可以分为完全燃烧和不完全燃烧：最终产物是 CO_2 和 H_2O，燃烧过程为完全燃烧；当反应产物为 CO 或其他可燃有机物时，则称为不完全燃烧。燃烧过程中要尽量避免不完全燃烧现象。

焚烧产生的热能可用来生产蒸汽或电能,也可用于供暖或生产的需要。具体而言,如果含油物质中含有聚氯乙烯之类的废物,则烟气中的氯化氢会对大气造成污染。

2. 技术特点

(1)污泥发热量是焚烧处理的最关键因素。污泥的发热量取决于油/泥的比例。燃烧的前提是物料含水率。

(2)焚烧可以使含油污泥的体积减少到最小化,它可以解决其他方法中污泥要占用大量空间的缺陷,这对于日益紧张的土地资源来说是很重要的。

(3)焚烧后污泥中的水分、有机物等都被分解,只剩下很少量的无机物成为焚烧灰,因而最终需要处置的物质很少,不存在重金属离子的问题。焚烧灰可制成建筑材料等产品,是相对比较安全的一种污泥处置方式。

(4)污泥处理速度快,不需要长期储存。

(5)可以回收能量用于发电和供热。

(6)在污泥焚烧的过程中会产生一定量的有害气体,例如 HCl、HF、SO_2等。这些有毒有害气体势必会对空气造成污染。因此,对含油污泥进行焚烧处理时必须配套有烟气处理设施。

焚烧法只适于少量含油污泥的处理,要求温度在 500~1200℃,送入焚烧炉中焚烧,去除其中的矿物油等有机物质。残渣用土地填埋法处理。焚烧过程中产生的烟气,通过除尘、淋洗工艺处理,使其中的粉尘、氮氧化物、硫氧化物等达到排放标准后放空。用焚烧法对含油污泥的处理,不仅工艺复杂、设备投资大、处理成本过高,而且增加了废水的排放量。对放空的废气,虽经过处理后,其中的各种污染物浓度符合了排放标准,但根据我国目前的环保要求,对废气的排放不仅要控制其中污染物的浓度,也要控制污染物的排放总量。因此,用焚烧法处理含油污泥最需注意的是废气的排放。同时,焚烧法处理费用较高,经济可行性也是一个重要制约因素。

(三)溶剂萃取法

含油污泥中的水,不仅决定含油污泥体积的大小,同时也是影响含油污泥处理的关键。不同来源的含油污泥,含油污泥中水的存在形式也是不同的。炼油厂含油污泥经加药与机械脱水后,含水量一般在 80%~85%。其中水的存在形式,除少量为游离水外,大部分是以间隙水和内部结合水或附着水的形式,与固体物、油包裹在一起,并在固体物与油表面形成具有强烈憎油性的水化膜,常规的方法难以实现油、水及固体物的彻底分离。根据“相似相溶”原理,使用有机溶剂对含油污泥中的原油进行萃取,然后对有机相进行分离,回收其中的原油,实现废物的资源化。处理后的含油污泥污染物含量可低于 5%。日本学者桑原昭、近藤知雄等人发明了一种用煤油净化含油污泥并回收原油的方法:首先将含油污泥在热解槽中加热到 50~100℃,使其黏度降低;再和煤油溶剂混合,使原油溶解在煤油中;待混合物分层后,将煤油、原油和钻井液三相分离。

选择适宜的萃取剂是萃取过程能够进行而且经济合理的关键之一,对萃取剂应有以下几个方面的要求:(1)选择性好,所选择的萃取剂应对油具有良好的溶解性,而且应该是一种疏水性溶剂,其分配系数越大越好,这样溶剂用量可以节省,萃取设备体积也可以减小。(2)分层效果好,为了使萃取相与水能很快分层,萃取剂与水要有较大的密度差,此外表面张力要适中,不宜过大或过小。有人提出了将萃取剂与污泥脱水同置于分液漏斗,震荡后,以分层时间不超过 5min 为表面张力的大致标准。(3)易回收,为了回收油并使萃取剂能循环使用,萃取剂与油应易于蒸馏分离,因此要求萃取剂的相对挥发度要大,汽化潜热要小。(4)其他要求,为了满足工业使用需要,萃取剂除应具有以上三方面要求外,还应具有腐蚀性小、无毒、来源广、价格较低、安全隐患小等特点。

溶剂萃取法适合于处理少量的含油污泥,对反应器的要求较高,实际操作时要注意防火。

(四)超临界方法

超临界方法是一种新兴的含油污泥萃取技术,采用二氧化碳和水等混合溶剂从含油污泥中抽出有机物的新的化学治理技术。二氧化碳在临界温度以上时,会具有双重性质即类似液体具有溶解有机物的能力和类似气体具有使有机物得到扩散的性能,这样二氧化碳和其他的附加溶剂就能清除含油污泥中的石油烃类等有机物。这种方法和其他化学方法相比,具有以下的优越性:二氧化碳比较便宜,因此治理费用较低;二氧化碳不会给环境带来二次污染。不足之处在于治理过程中要控制操作的温度,而且控制复杂。

(五)浓缩/干化法

该工艺是一种传统的处理工艺,主要是通过自然沉降取出污泥颗粒间隙中的水,这部分水一般占污泥含水的 70% 左右,通过浓缩处理可以使含水率降到 95% 左右,然后将浓缩后的污泥自然风干、填埋。该工艺的优点是基建投资少和运转费用低,操作简单,因此目前国内大多数油田的污泥处理采用该工艺。其主要缺点是:需要占用大面积土地,由于受到气候的影响及工作环境不稳定、干化场地卫生条件差的影响,当污泥的颗粒细小、黏度大、沉降和过滤性能较差时,很难使其干化。

(六)固化作用/稳定化方法

该方法是通过加化学试剂等使废弃含油污泥形成具有完整结构的坚硬块状,从而增强含油污泥的可控性,减少了含油污泥对周围环境的作用。固化处理的目的是使废物中的所有污染组分呈现化学惰性或被包容起来,以便运输、处理和利用。

在此方法基础上,现在又衍生了一种新的方法——解吸/活性硅酸盐法,活性硅酸盐能提高被稳定含油污泥在有烃类存在下的长期稳定性。活性硅酸盐在解吸过程中能将含油污泥固定在“沙粒”(二氧化硅)里,这种固化作用包括三个步骤:用含水的乳化剂使烃类从含油污泥中解吸出来并得到乳化;用硅酸盐溶液与乳化剂反应从而包裹烃类;在一些有效的烃类减少后,最后一步是用石灰和黏合剂的混合物的固化作用/稳定化过程固定剩余的有机物。这种固定法和传统的固定法相比,优点在于含油污泥的质量增加较少。

固化作用/稳定化方法已被广泛应用于废物管理中,它主要被应用于以下几方面:(1)对于具有毒性和强反应性等危险性质的废物进行处理,使其满足填埋处置要求。例如,在处置液态或污泥态的危险废物时,由于液态物质的迁移特性,填埋处置之前必须进行稳定化处理。当填埋场处于足够大的外加负荷时,被吸收的液体很容易重新释放出来,所以不能使用液体吸收剂。故这些液体废物必须使用物理或化学方法固定,使其在很大的压力或降雨淋溶下不至于重新形成污染。(2)其他处理过程产生的残渣,如焚烧产生的灰渣的无害化处理。(3)在大量土壤被有害污染物所污染的情况下对土地进行去污。

含油污泥脱水干化后,采用固化处理填埋简单易行,是取代回填的一种更易为环境所接受的方法,环境专家认为,安全土地填埋场最好接受处置经固化处理的含油污泥。对于含油量较低的污泥,一般可优先考虑采用固化处置(因为其中的油资源没有得到充分利用),该技术特别适合于采油污泥及含有 NaCl、$CaCl_2$等盐类较高的含油污泥。含油污泥中除了有机物外还往往含有大量(20%~30%)无机物,主要是硅、铝、铁、钙等,与许多建筑材料的原料成分相近,因此可利用污泥中的无机成分和有机成分制造建筑材料。利用含油污泥生产建材不仅可以达到污泥减量化、稳定化、无害化的效果,还可变废为宝,获得一定的经济效益。

固化方法是一种较为理想的有害物质无害化、减量化处理方法,能较大程度去除含油污泥中有害离子和有机物对土壤的侵蚀和沥滤,从而减少对环境的影响和有处理效率高、处理后污泥可进行资源化利用的优势。在大量土壤被有机污染物或无机污染物所污染时,须借助稳定化技术进行去污或者其他方式使土壤得以恢复。与其他方法(如封闭和隔离)相比,稳定化具有相对永久性的作用。固化作用/稳定化方法的不足之处在于随着时间的推移,污染物可能会再度释放而污染环境。

(七)热熔玻璃化法

热熔玻璃化法是向含油污泥中通入巨大的电流,产生的高温使含油污泥中的烃类燃烧或分解掉的方法。如果加热后会放出有害气体,应在热熔处理的范围内加覆盖物,以使气体或挥发物收集起来并处理,但这种方法又存在以下的不足之处:处理的含油污泥深度仅限于15.25cm,所以使用较少。但在处理少量的含油污泥时,热熔玻璃化法仍有其优点。

(八)隔离/控制法

隔离/控制法是采用黏土或其他人工合成的惰性材料,把含油污泥和周围环境隔离开来的方法,这一方法没有破坏石油烃类,只是防止了污染物质向环境(地下水、土壤)的迁移。由于石油烃类对隔离系统不会产生影响,所以这一方法适合于渗透性差的地带。隔离/控制法和其他方法相比,运行费用较低,但对于毒性期长的石油烃类,只是暂时地防止了石油烃类的迁移,不能作为永久的治理方法,如能在此过程中再引入微生物治理法,则能达到比较理想的处理效果。

(九)汽提法

汽提法就是通过机械作用使气流穿过含油污泥介质从而去除含油污泥中的挥发性或半挥发性的石油烃类的方法,这一方法包括以下几个处理系统:提取系统、高效真空泵(用来从提取井中抽出气体)处理被抽出气体的系统、监测系统。汽提法可以和空气喷射法结合,使气体在含油污泥中形成环流,提高有机物去除率。

汽提法比较适合于处理含油挥发性较强的含油污泥。但这种方法又存在以下的缺点:容易受到污泥条件的制约,低透气性、不均匀的基质都会影响石油烃类的去除率,低挥发性烃类难于去除,治理上不够彻底,耗时较长。

(十)淋滤冲洗法

淋滤冲洗法是用清水或有机溶剂、表面活性剂等溶液冲洗含油污泥,使污染物质被溶液充分淋洗而含量降低的方法。用表面活性剂的稀溶液远比纯水和有机溶剂的效果好,有机溶剂虽能达到较高的清洗效率,但要求有机溶剂的浓度太高,易对环境造成二次污染。表面活性剂由于能降低油水界面张力,对油具有增溶性,所以它的稀溶液对石油烃类具有清除的作用。在优选表面活性剂时,要综合考虑以下几点:对石油烃类具有很强的增溶效应;根据乳化和增溶效应所要求的 HLB 值的范围,选择 HLB 值大于 1;表面活性剂易溶于水,具有较低的临界胶束浓度和表面张力。运用表面活性剂溶液淋滤冲洗法进行污泥治理时,有以下几点需要改进:目前还没有对表面活性剂加以回收利用,但在很多情况下,表面活性剂的回收是治理经济性的关键;石油烃类的作用,尤其是有自由态烃类存在情况下对清洗过程有影响,因为乳化作用妨碍传质过程,表面活性剂适于清除石油中较重的烃类,对于轻质部分效果较差;部分表面活性剂有一部分会固相吸附,可能造成二次污染。

(十一)化学氧化法

化学氧化法是向含油污泥中喷撒或注入化学氧化剂,使其与污染物质发生化学反应来实现净化目的的方法。化学氧化剂有臭氧、过氧化氢、高锰酸钾、二氧化氯等。其中二氧化氯对石油烃类有较高的清除效率,氧化反应可在瞬间进行,且二氧化氯的造价较低,用起来比较经济,化学氧化法不会对环境造成二次污染,但操作比较复杂,不适合大面积推广应用。

(十二)光降解法

光降解法是指在有氧气存在下,用自然光的能量使石油烃类发生氧化分解的方法,但这种自然降解相当慢,如能改为紫外照射,并加光敏化合物,降解速率就能显著增加。自 1953 年 Markom 等用氧化锌作为半导体催化剂以来,人们相继找到二氧化钛、氧化锌、氧化钨、硫化镉、硫化锌、氧化锡等多种半导体催化剂,其中以二氧化钛为最佳光催化剂,过氧化氢也能促进石油烃类的降解。

光降解法费用较高,对少量的含污染物较高的含油污泥可用此方法进行治理,治理过程中需注意产生的臭氧造成的二次污染。

(十三)浮选除油法

该工艺流程为浓缩—淘选除盐—浮选除油—压滤脱水。首先通过简要浓缩除去污泥中的游离水分后,用逆流淘洗工艺,通过三级逆流淘洗,使污泥的含盐量降低,同时降低污泥中的碳酸氢盐碱度;其次淘洗后的污泥再用一次粗选,二次精选,三次扫选,可以达到污泥除油、污油回收的目的;最后通过带式压滤机进行压滤。其主要缺点是:污泥中的含水率仍然较高,且回收的污油中含有大量的浮渣,无法再利用,设备投资成本大,运行费用高,操作麻烦,运行管理也不方便。

(十四)溶剂—声波处理法

DAVIS 等人发明了采用溶剂和低频声波分离含油污泥中原油的方法。其主要工艺过程是将含油污泥与溶剂混合后形成钻井液,含油污泥与溶剂的混合比例根据含油污泥的性质而定,钻井液靠重力流入振动筛。大颗粒被截留后,送至轧碎机,大颗粒经轧碎后与筛下物混合进入低频声波振荡器。新鲜溶剂通过管线注入声波振荡器底部并向上流动,使含油污泥中的油在低频声能和溶剂的作用下溶解在溶剂中,达到油泥分离的目的。通过调整溶剂的流速,既可保持泥沙的下沉,又可保持较高的处理效率。溶剂可选用轻质原油、有机溶剂(如甲苯)或煤油等。

二、生物法

生物处理油泥过程以其处理效果理想、处理和操作成本较低等优越性,逐步受到人们的青睐。它是以固体废弃物中的可降解有机物为对象,使之转化为稳定产物、能源和其他有用物质的一种处理技术。对固体废弃物进行生物处理的目的是减少其中的有机物含量,使其达到一定的生物稳定性水平,便于后续的处理和利用。

在生物处理过程中,对污染物进行转化和稳定的主体是微生物。微生物在生命活动过程中,不断从外界环境中摄取营养物质,并通过复杂的酶催化反应将其加以利用,提供生物生长与合成新生物体的能量与材料,同时又不断向外界环境排泄废物,这种为了维持生命过程与繁殖下一代而进行的各种化学过程称为微生物的新陈代谢。根据能量的释放和吸收,微生物的新陈代谢可分为分解代谢和合成代谢。

在分解代谢过程中,结构复杂的大分子有机物分解为简单的低分子物质,逐级释放出其固有的自由能。微生物将这些能量转化为三磷酸腺苷(ATP),以结合能的形式储存起来。在合成代谢中,微生物把外界环境中摄取的营养物质,通过一系列生化反应合成新的细胞物质,生物体合成所需要的能量从 ATP 的磷酸键能中获得。在微生物的生命活动过程中,这两种代谢活动不是单独进行的,而是相互依赖、共同进行的,分解代谢为合成代谢提供物质基础和能量来源,通过合成代谢又使生物体不断增殖,两者的密切配合推动了一切生物的生命活动。也就是说,各种生物的生命活动,如生长繁殖、遗传及变异,都需要通过新陈代谢来实现。同时,新陈代谢正是污染物得以去除的原因。

(一)堆肥化法

堆肥化法是利用自然界广泛存在的微生物,有控制地促进固体废弃物中可降解有机物转化为稳定的腐殖质的生物化学过程。堆肥化制得的产品称为堆肥。含油污泥堆肥化法是将含油污泥与适当的材料相混合成堆放置,利用天然微生物或加入高效降解菌降解石油烃类。堆肥化法能保持微生物代谢过程中产生的热量,有利于石油烃类的生物降解,所采用的松散材料(锯木屑、稻草等)能增加持水性及透气性,可有效地加快含油污泥中烃类物质的生物降解速度。堆肥化法是一种有效的生物处理方法,含油污泥中烃类的半衰期约为 2 周,对于不同的含油污泥而言,处理时间随烃类组分的不同而不同。此法适用于处理较高烃类含量的含油污泥及冬季较长的地区的含油污泥,处理后的废弃物可填埋或施用于农田。

(二)生物反应器法

生物反应器法是一种异位生物修复技术,通过为微生物提供最佳的代谢条件而达到快速清除污染物的目的。

生物反应器处理的一个主要特征是以水相为处理介质。由于以水相为主要处理介质,污染物、微生物、溶解氧和营养物的传质速度快,而且避免了复杂又经常不利用的自然环境变化,各种环境条件(如 pH 值、温度、氧化还原电位、氧气量、营养物浓度、盐度等)便于控制在最佳状态,因此反应器处理污染物的速度明显加快,但其工程复杂,处理费用较高。另外,在用于难生物降解物质的处理时必须慎重,以防止污染物从含油污泥转移到水中。以水为处理介质的生物反应器称为钻井液生物反应器。

与固相系统相比,钻井液生物反应器具有以下优点:(1)较高的和均匀的处理控制;(2)钻井液相的含水量为60%~95%,能够促进有机化学品的溶解;(3)增加微生物与污染物的接触;(4)有利于表面活性剂的使用;(5)营养物质、主要基质和电子受体分布均匀;(4)降解速率高。钻井液生物反应器的以上优点,能够加快污染物的降解速率,如总有机碳在钻井液相中的半衰期为22d,而在固相系统中要311d。

虽然钻井液生物反应器有许多优点,但也有一些缺点:(1)能耗较高;(2)需要固液分离过程;(3)增加了水处理过程;(4)增加了处理费用。固液分离要产生大量的废水,废水在排放前还要处理。因此,钻井液相系统的处理费用要比土地耕作、堆肥化高得多,但比焚烧、溶剂萃取和热解处理要便宜得多。

综上,含油污泥生物处理技术优点如下:(1)生物处理可以现场进行,这样减少了运输费用和人类直接接触污染物的机会;(2)生物处理经常以原位的方式进行,这样可使对污染场所的干扰或破坏达到最小,在许多情况下,生物处理地点的生产可以照常进行;(3)生物处理使有机物分解为二氧化碳和水,这样可以永久地消除污染物和长期的隐患;(4)生物处理可以与其他处理技术结合使用,处理复合污染;(5)降解迅速,费用低。含油污泥的特征污染物是石油烃类,在自然条件下石油烃类可发生生物降解而达到逐渐自净,但降解过程非常缓慢,若能优化某些环境条件则可大大提高烃类的生物降解速度。这些环境条件包括营养物含量及比例、氧气含量、环境pH值、湿度和温度等。

由于微生物具有来源广、易培养、繁殖快、遗传及变异等特点,在生产上较容易采集菌种进行培养,并在特定条件下进行驯化,使之适应各种固体废弃物的化学环境条件,从而通过微生物的新陈代谢使有机物无机化,有毒物质无害化。此外,微生物的生存条件温和,新陈代谢过程不需要高温、高压等,其处理费用低廉,运行管理较方便。

第四节 含油污泥处理技术现状及进展

一、国外处理技术现状及进展

国外较为充分地研究了含油污泥组成、结构及其特性,并且运用先进的实验方法和实验设备进行专项实验研究,研制出了多种行之有效的含油污泥处理新工艺。从对含油污泥的处理情况上来看,国外对含油污泥治理技术的研究开展得较早,尤其是美国、丹麦、荷兰、加拿大等欧美国家,工艺处理技术比较成熟。

(一)从污泥的组成开展的处理技术

对落地原油处理,美国、德国、日本、加拿大等国多采用清洗的方法,以非极性有机化合物为溶剂,以高含盐水为分离助剂,将汽油、煤油、乙醚等有机溶剂加热,与含油污泥混合后,利用矿物油在有机溶剂中的溶解性,通过萃取作用,分离混合物中的矿物油;或通过乳化作用,在盐水基质中将含油污泥制成钻井液,然后通过混凝技术,采用沉降、气浮等工艺,分离出原油。除上述主导工艺外,还有溶剂和低频声波组合分离工艺、非药剂热分离工艺、水液逐级分离抽提工艺、无机混凝分离工艺、酸碱油泥分散与离心分散工艺等。

自20世纪90年代起,国外炼油厂含油污泥的热处理及热解吸技术迅速发展,并获得工业化。为了实现含油污泥的资源化利用,开发了溶剂萃取—氧化处理含油污泥的专利技术,以及加热蒸发—冷凝步骤的含油污泥处理工艺,Cochin炼油公司开发了回收轻质油及沥青的技术,英国石油公司阿兰斯炼油厂建设了一套污泥溶剂萃取处理装置,该装置实现了工业化应用,处理后的含油污泥经固化后再进行土地处理,该工艺流程如图5-1所示。

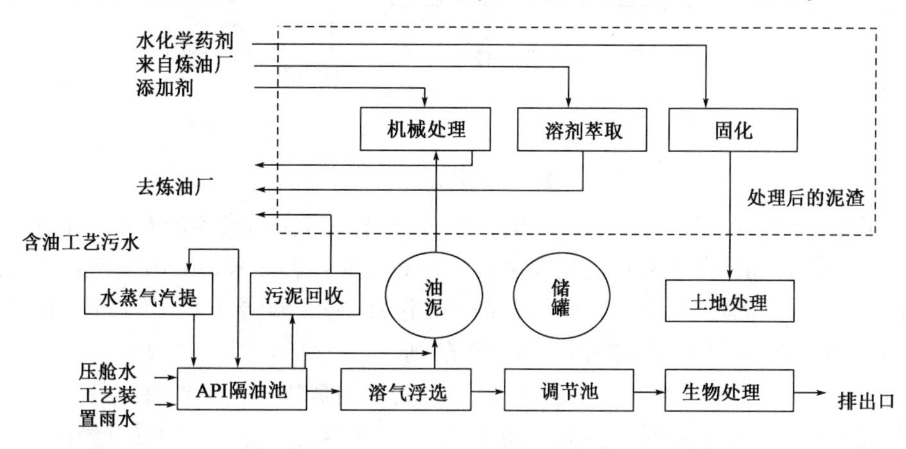

图5-1　英国石油公司污泥溶剂萃取处理装置工艺流程

(二)从实验方法和实验设备开展的处理技术

国外探索和研究经济可行的含油污泥处理技术走过了漫长的道路,尝试了单一处理方法和不同处理方法的联合使用,对含油污泥处理技术已经有了一定程度的理论研究和技术基础,建立了从最初的填埋、焚烧等简单处理模式转向无害化处理与资源回用的技术模式,并开发了相应的工艺设备和配套药剂。

美国Navajo公司开发了使用含油污泥浮渣作为催化裂化装置(FCC)分馏塔的油浆,使浮渣作为燃料油的一部分;Mobil公司Solomon M开发了把含油污泥作为催化裂化装置(FCC)反应器的原料的相关技术;国外学者Jan Bock、Sanjay R Srivatsa等分别发明了针对石油炼厂产生的含油污泥,采用调质—机械脱水工艺回收原油的有关专利技术,提出了通过投加清洗剂、破乳剂(阴离子或高分子化合物等)、pH值调节剂等,同时进行搅拌、加热、降黏等调质手段,实现油—水—固三相分离,对含油污泥进行无害化处理。加拿大油砂公司、原油合成公司等公司的油田主要采用加碱注热水或蒸汽、离心分离的方法将油砂分离,并获得较好的经济效益。对于油田含油污泥的处理,国外还有填埋、分散施耕、集中干燥焚烧、生物处理法、化学固化处理等方法可供选择。

二、国内处理技术现状及进展

对含油污泥的处理,我国起步相对晚一些,20世纪80年代末开始起步,90年代中期迅速发展,进入21世纪有了一定的技术基础。不过从纵向发展来看,普遍采用的还是直接填埋处理的方法,近年来油田又相继研究了焚烧法、溶剂萃取法、生物法、固化法、热解吸法、焦化法等方法处理含油污泥。

刘建国等发明了一种油田罐底油泥资源化处理方法,通过对罐底油泥松散化改性处理后,再进行热解,从中高效回收油资源,具体流程图如5-2所示。

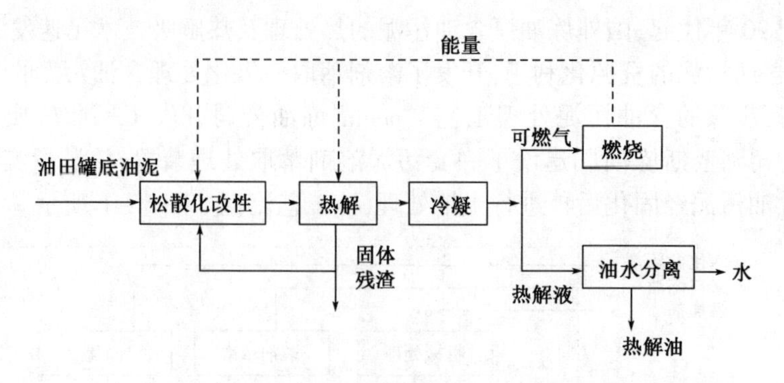

图 5－2　油田罐底油泥热解工艺流程图

中原油田将含油碳酸钙污泥经粉体加工，将其开发成为含油橡胶填充剂。通过工程实验及产品测试表明，含油橡胶填充剂与正在使用的普通碳酸钙和纳米碳酸钙填充剂相比，对橡胶制品的性能没有明显的影响，含油橡胶填充剂在分散性、橡胶网状分子的交联性、磨耗、回弹性等方面的填充效果稍优于普通碳酸钙和纳米碳酸钙。

辽河油田在锦州采油厂兴建了一座污泥处理站，采用焚烧法处理含油污泥，处理后的固体用作建筑材料，该方法的优点是工艺简单便于操作，但缺点是含油污泥中具有经济价值的油没有回收利用，并且焚烧过程会造成对大气的污染。

河南油田经过实验筛选，获得了一种处理效果较好的高效污泥浓缩剂，并且研制了一套由自吸式排污泵、污泥分离器、集泥箱、污泥提升泵、加药装置等设备组成的具有自主知识产权的橇装式含油污泥处理装置，对处理油田各种站内污水回收池、储泥池底部的含油污泥效果较好。

克拉玛依市市属企业采用“多级热洗＋助溶剂”技术建设了一座处理规模为 $200m^3/d$ 的油泥无害化处理厂。工艺过程为：采用多级逆流洗涤、分段脱水、洗涤液充分回收利用等工艺过程，通过均质流化、曝气气浮、自动收油排泥等工艺手段，协同化学药剂的作用使油田含油污泥中的乳化油破乳，达到使油品与污泥中无机固形物之间破解吸附并聚结上浮的工艺目的，减少含油污泥中的污油含量。污泥在经过反应器处理后，由污泥流化泵打入含油污泥沉降浓缩罐内浓缩，再进入下一级洗涤。经多级处理后，经污泥输送泵打入污泥脱水机脱水，使污泥含水率降至 80% 以下，装车外送至政府环保部门指定的地点。

胜利电厂对油泥砂进行焚烧处理，图 5－3 为胜利电厂含油污泥焚烧处理基本流程。

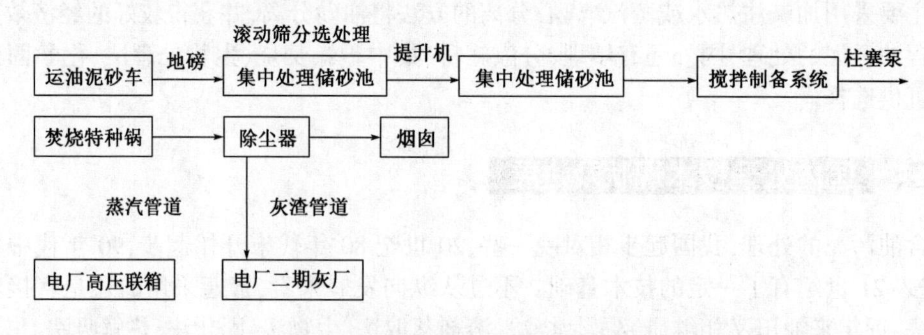

图 5－3　胜利电厂含油污泥焚烧处理基本流程

总体而言，无害化、减量化、资源化处理仍然是目前含油污泥处理的目标和趋势。未来的含油污泥处理方法将朝着低成本、原油可回收利用、无二次污染的方向发展。

思考题

一、选择题

1. 常见含油污染物为(　　)。

A. 以多环芳烃为主的有机污染物　　B. 重金属与盐类为主的无机污染物

C. 污泥中的有害微生物与细菌　　D. 少量放射性元素

2. 油田含油污泥处理的方法主要分为(　　)。

A. 物理化学法　　B. 生物法　　C. 微生物法　　D. 高温高压法

3. 填埋法可分为(　　)。

A. 固体填埋　　B. 液体填埋　　C. 海洋处置　　D. 陆地处置

4. 焚烧大致分为(　　)阶段。

A. 干燥　　B. 热分解　　C. 燃烧　　D. 干化

5. (　　)处理方法具有处理效果理想、处理和操作成本较低等优越性。

A. 生物法　　B. 填埋法　　C. 汽提法　　D. 光降解法

6. (　　)处理方法是采用二氧化碳和水等混合溶剂从含油污泥中抽出有机物的新的化学治理技术。

A. 超临界方法　　B. 化学氧化法

C. 溶剂萃取法　　D. 溶剂—声波法

7. 生物法包括(　　)。

A. 光降解法　　B. 堆肥法　　C. 生物反应器法　　D. 汽提法

8. 下列说法正确的是(　　)。

A. 热熔玻璃化法不足之处在于治理过程中要控制操作的温度,而且控制复杂

B. 焚烧法不会造成污染

C. 固化作用/稳定化作用的不足之处在于随着时间的推移,污染物可能会再度释放而污染环境

D. 化学氧化法会对环境造成二次污染

9. (　　)方法是一种最简单、最古老、最原始的一种处理方法。

A. 填埋法　　B. 焚烧法　　C. 生物法　　D. 萃取法

10. 下列(　　)方法是向含油污泥中通入巨大的电流,产生的高温会使含油污泥中的烃类燃烧或分解。

A. 浓缩/干化法　　B. 热熔玻璃化法

C. 溶剂—超声法　　D. 临界方法

二、判断题

1. “三泥”指的是:原油开采产生含油污泥、油田集输过程产生含油污泥、炼油厂污水处理场产生含油污泥。(　　)

2. 含油污染物对水体会产生影响。(　　)

3. 填埋方法不是处理含油污泥的理想方法。(　　)

4. 焚烧法处理费用较低。 ( )

5. 化学氧化法不会对环境造成二次污染,但操作比较复杂,不适合大面积推广应用。 ( )

6. 溶剂萃取法处理工艺适合于处理少量的含油污泥。 ( )

7. 溶剂—声波处理法中溶剂可选用轻质原油、有机溶剂或煤油等。 ( )

8. 光降解法费用低,对少量的含污染物较高的含油污泥可用此方法进行治理,治理过程中需注意产生的臭氧造成的二次污染。 ( )

9. 在生物处理过程中,对污染物进行转化和稳定的主体是微生物。 ( )

10. 生物反应器法可以促进固体废弃物中可降解的有机物转化为稳定的腐殖质。 ( )

三、简答题

1. 简述含油污泥回注调剖技术。

2. 油田含油污泥处理工艺有哪些?

3. 简述国内外含油污泥处理的趋势。

4. 含油污泥对环境的危害有哪些?

5. 简述生物法的优点。

参 考 文 献

[1] 孙晓雷. 油田含油污泥处理技术研究[D]. 大庆:东北石油大学,2010.

[2] 孔令荣,夏福军,荆国林. 国内含油污泥的综合利用方法[J]. 能源环境保护,2011,25(3):1-4.

[3] 李琛,李浩飞. 含油污泥资源化利用研究现状[J]. 炼油与化工,2011(2):4-6.

[4] 李永霞,郑西来,马艳飞,等. 石油污染物在土壤中的环境行为研究进展[J]. 安全与环境工程,2011,18(4):43-47.

[5] 郑川江,舒政,叶仲斌,等. 含油污泥处理技术研究进展[J]. 应用化工, 2013, 42(1):332-336.

[6] 易大专. 大庆油田含油污泥处理稳定达标实验研究[D]. 北京:清华大学,2013.

[7] N. J. Saikia, P. Sengupta, D. K. Dutta, et al. Oil field sludge used to make brick[J]. American Ceramic Society Bulletin, 2000, 79(7): 71-74.

[8] 冯少华. 辽河油田含油污泥综合处理技术[D]. 大庆:大庆石油学院,2008.

[9] 仝坤,宋启辉,王琦,等. 稠油罐底泥碳化处理技术研究与应用[J]. 油气田环境保护,2010,20(1):26-28.

[10] 王凡. 油田含油污泥无害处理研究[D]. 大连:辽宁师范大学,2012.

[11] 匡少平,吴信荣. 含油污泥的无害化处理与资源化利用[M]. 北京:化学工业出版社,2009.

[12] 起泽华. 含油污泥的处理方法[J]. 石油库与加油站,2018,27(2):24-26.

[13] 屈撑囤,李金灵,朱世东,等. 油气田含油污泥处理技术[M]. 北京:石油工业出版社,2017.

第六章　其他废弃物处理技术

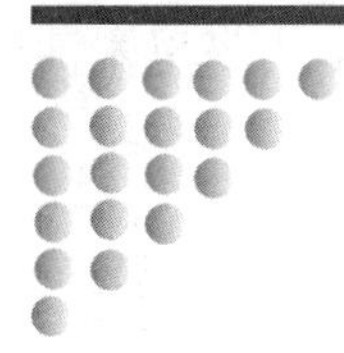

我国油田数量众多且分布广泛,各个油田因类型、地理环境、工艺水平、原油物性等差异,使得不同油田土壤的重金属污染类型及污染程度不尽相同。整体上我国中部老油田因开采历史较长等原因,土壤重金属含量相对较高,西部油田土壤重金属污染相对较轻。在几十种重金属污染物中,油田土壤和附近河水中铬、铅的含量相对较高,污染严重。2010 年,我国首次污染源普查结果显示,我国重金属的年排放量为 900t,且有逐年增加的趋势。本章从重金属的种类和来源入手,阐述重金属污染的危害、处理措施和放射性物质污染及安全防护措施等。

第一节　油田重金属污染处理技术

一般来说,重金属是指相对密度大于 5 的金属,约有 45 种,大部分重金属并非人体所必须,重金属进入环境会对环境造成污染,且具有高毒性、持久性和储积性等特点,一旦进入人体且超过一定量就会有剧烈的毒性,并对人体造成巨大的危害。

一、重金属的种类和来源

(一)重金属的种类

在石油勘探、开发、储运和炼化等过程中,都可能会对土壤、水体和大气环境造成重金属污染。采用微波消解法对土壤重金属进行分析,结果表明,石油行业生产中常见的重金属污染种类有八种:铜(Cu)、锌(Zn)、铅(Pb)、镉(Cd)、铬(Cr)、镍(Ni)、钒(V)、锰(Mn)。

(二) 重金属的来源

油田重金属主要通过石油勘探开发过程中使用的钻井液(重铬酸钾、铁铬盐、方铅矿等)、钻屑携带排放、原油泄漏、油气储运和石油炼化等生产和作业环节进入土壤、水体和大气环境中,给生态环境造成危害。

1. 钻井流体

钻井流体是指在钻井和增产作业过程中使用的钻井液、完井液、酸化液和压裂液等工作液体，其中含有钻屑、黏土、污水、油水等组成的胶体悬浊液，还有多种有毒重金属物质。在钻井、生产作业过程中，往往因为不正确的使用和排放，所携带的重金属就会进入环境中。在所有钻井流体中，钻井液使用量最大，且难以做到完全的无害化处理，是勘探开发过程中油田重金属污染的主要来源之一。

据资料统计，2012 年塔里木油田钻井废弃物产生量约 $60\times10^4m^3$，2014 年钻井废物产生量约达到 $80\times10^4m^3$，给塔里木油田的环境治理工作造成了巨大压力。图 6-1 为塔里木油田钻井后未处理的废弃钻井液，对环境造成污染。

图 6-1　塔里木油田钻井后未处理的钻井液现场

我国大多数油田对钻井废弃物的处理尚处于初级阶段，大多数废弃钻井液多在钻井液坑中自然干化后填埋。以中原油田为例，河南省人均耕地面积为 $0.0884hm^2$，尚不到世界人均水平的一半，比全国人均水平少 $0.0173hm^2$，当地农民往往在钻井施工停止后不久，就在征用的土地上重新耕作。钻井液中的有害重金属离子不易被动植物降解，易进入食物链，并会在环境和动植物体内富集，危害人类的身体健康。

2. 原油泄漏

在油田生产的众多环节中，难免会有原油泄漏，洒落在地面的原油渗入地层土壤并将所含重金属带入土壤，且随着雨水的淋滴作用不断扩散到地层深处。此外，油田内偷油事件时有发生，也会导致一定数量的原油泄漏，加重污染。同时，不同区域的原油重金属含量不同，这与原油的成因有很大关系，如产自克拉玛依油田的稠油具有重金属含量高的特点，这将使某些油田呈现低泄漏、高污染的态势。

据统计，我国海上各种溢油事故每年发生500起，沿海地区海水含油量已超过国家规定的海水水质标准2～8倍。原油泄漏后，原油中的重金属最终都将沉积到海底，并在海洋中沉降、累积，将破坏海底环境，给底栖生物的生存带来极大影响，如果沉积污染物在潮汐作用或遭到风暴潮搅动时，会再次释放到海水中，造成海水二次污染，甚至通过食物链对人体造成威胁。

此外，原油在运输和加工过程中原油泄漏、污水排放、生产残渣的不正确处理也会使得大量石油烃类和重金属等污染物被排放到土壤、水体和大气环境中，给生态环境造成严重的危害。

二、重金属污染的危害

重金属是一种难以消除的累积性污染物，不能被微生物降解，可以通过食物链或饮用水进入人体，主要损害肾脏，并使骨骼生长代谢受阻，进而出现骨骼疏松、萎缩和变形等，并发生周身关节疼痛。重金属污染具有以下特点：

(1)滞后性。滞后性主要指通过一段时间的观察之后才能显现出相应的问题，比如日本的水俣病。由于受害者出现问题的器官在大脑皮质，所以出现了语言障碍、运动失调症状等相应问题，在20年后才被人们日渐重视。

(2)隐蔽性和长期性。和大气污染、水污染不同，土壤重金属污染具有一定的隐蔽性，在污染开始之后到出现后果有一个长时间的过程，需要逐步积累污染物，往往是由于农作物吸收了相应的重金属，再通过食物链进入人体当中，造成人体受到相应的伤害。

(3)积累性。重金属污染物会在土壤中不断积累，具有富集作用，如果污染物超过了土壤的承受能力，就会导致危害突然暴发。

重金属污染的危害主要包括两个方面：

(一)重金属对植物的危害

重金属会对土壤中的植物产生一定的毒害作用，比如说主根长度、株高等一些生理变化，如果重金属浓度较高，还会造成植物出现酶的有效性下降或者营养不良等情况。

(二)重金属对人和动物的危害

如果一些外界环境发生变化，比如说土壤的添加剂增加或者酸雨等因素，都会让土壤重金属的生物利用性提高，让植物很容易的吸收从而进入食物链，影响食物链上游生物的身体健康。

通过研究还发现重金属对人和动物的危害有：(1)铅主要损害人的神经、造血和心血管系统，引发多种疾病。当动物食用含铅过多的食物或饮用水时，会引起急性或慢性铅中毒。急性中毒：家畜动物表现为厌食、磨牙、流涎、空口阻、口吐白沫、腹痛等一系列症状，最终陷于昏睡状态，通常在痉挛时因呼吸衰竭而死亡；慢性中毒时，表现为消瘦、高度衰弱、关节僵硬、共济失调和惊厥发作以及黏膜溃烂等症状。进入人体的有机铅主要是对神经系统产生影响，受到低剂量浓度暴露后，引起失眠和易怒症状，当浓度升高，进一步引起情感不稳定及产生幻觉，并伴随着视力和听力的不良影响；处于长期低浓度有机铅暴露，通常引起头痛和疲劳，偶尔导致抑郁症的发生。(2)砷能引起四肢疼痛,肌肉萎缩,头发变脆脱落,此外,还能使皮肤色素沉着,引起手掌脚趾皮肤角化状等。(3)镉元素是人体非必需元素,不参与有机体的结构和代谢活动。镉有较长的半衰期,可通过食物链进入人体并具有累积效应,对肝、肾、骨骼、生殖系统、免疫系统有毒害作用,其浓度超过肝细胞解毒能力会造成肝细胞死亡和肾功能损伤;还会引起成骨过程和正常骨代谢紊乱,造成骨质疏松、萎缩、变形等;镉具有生殖毒性,若妊娠期长时间暴露于镉中会导致早产和新生儿体重减轻,镉浓度越高,婴儿身高越矮。(4)铬是动物和人体所必需的微量元素。适量的 Cr^{3+} 是人体正常生长、发育所必需的微量营养元素。过量的 Cr^{3+} 有人体毒性,使生物大分子受到损伤,改变遗传密码,引起畸变、突变、癌变,干扰酶系统。铬在鱼类、骨、鳞、鳃中含量较高,在蟹、虾外壳和足中含量较高。(5)汞通过食物链导致动物中毒,通常会导致消化紊乱、神经错乱和肾炎的综合征。当动物体内汞累积到一定程度,会发生肝肾的慢性损伤,最终导致死亡。人体的汞中毒主要通过消化道、呼吸道和皮肤的直接吸收等途径。

三、重金属污染的处理措施

对于污染区域的重金属离子,通过筛选合适的重金属稳定剂,改变重金属的存在形态,将其他形态的重金属转化为颗粒态或者胶体结合态的低毒或无毒性物质。

(一)钻屑回注

钻屑回注是钻井原位处置方式,将含有重金属的钻屑研磨成符合回注要求的粒度,用海水和添加剂将其制成符合回注要求的浆体,用回注泵将其通过套管环空或者废弃井注入地层。钻屑回注工艺比较复杂、难度大,但是是完成钻井废弃物的零排放、保护生态环境的重要举措,并且是海上钻井处理废弃物钻屑的主要方式。

若海域不允许直接排放或地层达不到回注要求,则需要运回岸处理、处置。回岸处理处置方式包括:填埋、土地处理、堆肥、固化、热解吸附、焚烧等。

(二)土壤洗涤

土壤洗涤是使用溶液(水或溶液)通过机械过程冲洗土壤,根据需要溶解的污染物以及它们的环境和健康效应来确定溶液的种类。利用淋洗液把土壤固相中的重金属转移到土壤液相中去,再把富含重金属的废液进一步回收。土壤洗涤的成本上较为合算,约为 170 美元/t,而且它去除了大量的需要使用其他技术进一步处理的物质。

(三)原位及异位固化/稳定化

原位及异位固化/稳定化技术通常用于修复被重金属和其他一些无机化合物污染的土壤。常用的方法有沥青批处理法和玻璃固化法。沥青批处理法适用于处理受石油烃污染的土壤,此法将受石油烃污染的土壤与热沥青混合后作为骨料的部分替代,用于铺路。在混合过程中,由于高温,会导致污染物中的挥发烃逃逸到空气中,其余的污染物会在冷却过程中被沥青包裹以减弱污染物迁移性。玻璃固化法是在极高的温度(1600 ~ 2000℃)下,土壤融化,以固定有机物和高温分解破坏有机物。在此过程中,大部分的污染物挥发,剩余的污染物变为惰性的玻璃化晶体产品,产生极少量副产品。被固定的重金属和放射性无机物被包裹在玻璃的晶体结构中,无法浸出。

(四)植物修复

植物修复是利用植物对污染物的吸收、累积和降解作用的技术。植物会从环境中吸收必要的组分,包括重金属和营养物质。目前国际上报道的能促进石油类污染物降解的植物有40多种,这些对金属有很强累积作用的植物被称为超累积植物,如杨树、柳树、松树、冰草、苜蓿等。重金属的超累积植物目前世界上以发现了约500种。植物修复适用的污染物范围较广,去除的目标污染物包括重金属、放射性元素、有机磷杀虫剂、表面活性剂等。

(五)电动修复

20世纪80年代末兴起的电动修复技术是原位修复技术,是将施加直流电压的电极插入受污染土壤溶液中,形成两电极间直流电场,土壤中污染物在电场作用下产生运动,使土壤中的重金属离子累积在电极附近,再使用电镀或抽取电极附近的水等方法收集重金属离子。实验结果表明,土壤中Pb^{2+}、Cr^{3+}等重金属离子的除去率在90%以上。

(六)生物修复法

微生物是土壤中的活性胶体,它们的比表面大、带电荷和代谢活动旺盛。而且土壤中的微生物种类繁多,数量庞大,有的不仅参与土壤中污染物的循环过程,还可作为环境载体吸收重金属等污染物。在重金属污染土壤上,往往富集多种耐重金属的真菌和细菌,微生物可通过多种方式影响土壤重金属的毒性及重金属的迁移和释放。微生物对重金属具有累积和解毒作用的功能,可促进有毒、有害物质解毒或降低毒性。

(七)联合修复技术

油田废弃物中的污染物组成复杂,除了以上的修复技术单独使用外,将修复技术进行联合可达到更好的修复效果。联合修复技术主要有物理—化学、化学—植物、化学—微生物、物理—生物、植物—微生物等组合类型。

对于重金属污染场地可使用螯合剂、菌根联合强化植物修复,电动—氧化还原联合修复,电动—微生物联合修复等技术。

四、重金属的监测及防护

重金属污染延续时间长、治理难度大、危害严重。所以应在油田开采初期做好重金属监测建设,对可能污染或影响的区域,进行连续的监督检测,并制定企业周围环境档案,对其周围的水、土壤、气、尘及工作人员身体进行跟踪监测。

为了解决重金属的污染,各油田作业公司应从源头上控制和减少重金属等有毒有害体系或药剂的使用,例如:引进、消化吸收国内外先进技术,大力开发新型环保的钻井液体系;加大环保化学处理剂的研发力度,减少因添加剂的使用而造成的环境污染;向废弃钻井废液中加入具有固结性能的固化剂,使其转化成类似混凝土的固化体用于修路、铺垫井场。固结重金属离子等有害成分,可显著减少对土壤的渗滤,不用等待其自然固结,从而达到减少对环境的影响和危害的目的。

第二节　放射性物质污染处理技术

应用放射性物质开展监测工作，是油田工程施工中推进油田勘探开发必不可少的技术手段之一。随着油田油气开采难度的加大，主要含油气盆地地质勘查的深入推进和老油气区新领域的深度挖潜，各种新技术、新设备、新工艺被大量投入使用。放射性物质作为一种新材料，应用领域不断拓宽，相应的工艺更趋完善，为油田企业创造了明显的经济效益和社会效益。但是随着放射性物质在油田地质勘探中越来越广泛地应用，如何做好放射性辐射的防护工作也成为油田安全防护的一项重要内容。

一、放射性物质的种类及用途

放射性物质在油田勘探、石油开采等多方面应用广泛，主要用在同位素剖面测井、环空找水、工程测井及试井等工序。

测井是获得油气储层地质资料的重要手段之一，主要指向井中放入各种专门测量仪器，沿井身测量岩层剖面的各种物理参数随井深的变化情况，判断评价地层矿藏储集能力，确定油气层的储量和开采情况。放射性测井是测试行业了解地层的主要方法之一，具有分层性能好、不受井下管柱的影响、与井温和流量并测可以达到定性与定量一致等优点。

随着测井技术的发展，伽马源、中子源和放射性同位素等放射性物质被广泛应用于石油生产测井过程中。中子测井是通过中子源向地层中发射连续的快中子流来计算地层的孔隙度，并辨别其中流体的性质；自然伽马测井是通过自然放射性发出的伽马射线，来判断岩石性质，特别是泥岩页岩地层。在放射性测井中使用的放射源有伽马源、中子源、放射性同位素，放射性物质有镅－铍（Am－Be）、铯（Cs）、镭（Ra）、钡（Ba）、碘（I）、锡（Sn）、钴（Co）等。由此带来的放射性污染也成为石油勘探开发过程中放射性污染的主要来源。

二、放射性物质的危害

放射性辐射对人体的损害程度与照射剂量的大小、强度的强弱、时间的长短、频次的多少以及辐射承受者的健康状况、体能强弱等相关，具体辐射后的表征及状态也存在一定的差异。一般来说，受到剂量越大、强度越高的辐射，伤害就越大，严重时还会致人短期死亡；受辐射轻微者，只要剂量达到一定程度也会发生损害作用，有的症状经过20年后才会表现出来，有的引起基因突变和染色体畸变，使一代甚至几代人受害。

测井过程中的主要污染源是放射性废气、废水、废固等“三废”物质，以及因操作不慎而溅、洒、滴入环境中的活化液，挥发进入空气中的放射性气体，被污染的钻井管柱和工具等。由于放射性射线具有高能量，对物质具有很强穿透能力，从而使物质或机体发生一些物理、化学变化。

放射性污染有以下特点：(1)一旦发生和扩散到环境中，放射源就会不断对周围发出放射线，永不停止。只是遵循各种放射性核同位素内在固定速率不断减少其活性，其半衰期即活性减少到一半所需的时间可能需要上百年、千年甚至更长时间，所以放射性危害长期存在。

(2)自然条件的阳光、湿度、温度等客观条件无法改变放射性核素的特性,人类也无法用任何物理化学方法使放射源失去放射性。(3)放射性污染对人类身体伤害有定向累积性,长时间较大剂量的辐射积累近似等于一次总和剂量所产生的危害。这样一来,极少的放射性核素污染发出的很少的辐照剂量率,如果长时间存在于人身边或身体内,就可能长期积累对人体造成严重危害。(4)放射性污染既不像化学污染多数有气味或颜色,也不像噪声振动、热、光等污染,公众可以直接感知其存在。放射性污染的辐射,哪怕直接致人死亡的水平,人类器官对它都无任何直接感受,从而采取躲避防范行为,只能继续受害,因此也无法进行必要的防护。

放射性污染可分为两种,一是放射源对人体辐射污染;二是放射源对环境的污染。

(一)放射源对人体辐射污染

放射性射线有着极强的穿透力,可集中在人体小范围内进行强烈的照射,使人体肌体组织承受高强度辐射而造成损伤,不但可以诱发肺癌,还可能诱发白血病、胃癌、皮肤癌等。这些粒子会杀死或杀伤细胞,被杀伤的细胞可通过新陈代谢得到补充,但也有可能发生癌变。人体长期受到多次大剂量放射源照射可能引起乏力、关节疼痛、记忆力减退、失眠、食欲不振、脱发和白细胞减少等症状,甚至有致癌和影响后代的危险。除致癌效应外,辐射的晚期效应还包括再生障碍性贫血、寿命缩短、白内障和视网膜发育异常。对孕妇及胎儿有着更大的影响,会出现以下后果:致死效应、致畸效应、致严重智力低下。

人体辐射常发生在以下两种情况:一种是因为工作人员的操作不当导致的人体处于空间辐射场中而遭受辐射;另一种是因为同位素示踪剂等传播到空气或者水中以后被人误食到体内而对人体器官或组织造成的损害。

(二)放射源对环境的污染

测井过程中电缆以及井下仪器等出井口时所带出的被放射性物质污染的水体、钻井液和污油等,会对周围空气造成污染,也会通过雨水冲刷流失从而对农田、水体、草场等造成污染,从而对井场工作人员、当地生态环境和居民生产、生活形成威胁。

三、放射性污染防护措施

从事放射性工作必须要求员工学习必要的防护措施。操作放射源时应充分考虑放射源的活度、操作距离、操作时间和防护屏蔽等因素,采取最优化的防护措施,以保证操作人员所受剂量控制在可以合理做到的尽可能低的水平。目前辐射防护的基本方法如下:

(一)时间防护

人体受到的照射量与受照时间成正比,受照时间越长,所受的照射剂量越大,伤害越严重,所以要尽量缩短在放射性物品存在的环境中滞留的时间。这就要求操作准确、快捷,减少辐射时间;也可以轮换操作,减少每人的辐射时间。当发生意外事故,要及时离开辐射现场,不了解现场辐射强弱时,不要盲目进入。

(二)距离防护

对于点放射源,照射量率与距离的平方成反比,即离放射性物品越远,接受的放射性照射越少，受到的损伤越轻。所以从防护的角度出发，要尽量远离放射源，以减轻辐射对人体的危害。不得徒手操作放射源。现场无机械化操作时，根据源的不同活度，应使用符合下列要求的工具：

（1）不小于200GBq的中子源和不小于20GBq的γ源，操作工具柄长不小于100cm。

（2）小于200GBq的中子源和小于20GBq的γ源，操作工具柄长不小于50cm。

（3）放射性测井仪器置于井下部分因其中装有放射源，应使用柄长度不小于50cm的工具擦洗。

（4）井下仪器进出井口时，应使用柄长不小于100cm的工具加持。

（5）进行更换放射源外壳、弹簧、密封圈或盘根等特殊操作时，应有专用操作工具和防护屏蔽设备。

（三）屏蔽防护

屏蔽防护就是在人员与放射性物品之间安装屏蔽物，把人员与放射性物品隔离，从而达到防护的目的。不同的射线，因性质的不同需要采用不同的屏蔽材料进行防护。防护γ射线和X射线，常用铅金属、水泥、石头、混凝土等高密度材料；防护β射线常用铝、有机玻璃等材料；防护中子射线常用石蜡、含硼的化合物等。

（四）现场放射源管控

通过先进有效的方式对现场放射源进行管控，定期检测土地、水质情况，更要加强对周边人员放射性摄入量监测，定期体检，以保证人员安全。

由于油田采油厂工作的特殊性，除了对人员的健康防护外，还必须做到以保护环境为原则，每当进行油田作业或采油工发现水井溢流时，必须使用放射性检测仪对污水进行检测，如果存在放射性超标，必须穿戴必要的防护用具，并引导污水到污水处理站，利用化学沉淀、离子交换、蒸发、蒸馏和固化等方式对放射性废液进行处理。如果不能完全去除，必须对污水置放和稀释，加以分离放射性颗粒，如果存在气体，可选取的处理方法有过滤法、吸附法和放置法等；如果存在固体废物，可选取的处理方法主要有焚烧法、压缩法、包装法和去污法等。

因此，凡涉及放射性物质的工作，必须严格进行防辐射保护，对辐射的强度、时间和频次进行有效控制，达到对身体和环境无危害的范围。

四、放射性物质使用的注意事项

油田公司应根据国家法律法规和有关标准，结合油田公司实际，制定放射工作人员健康管理制度和放射源的储存、运输和使用等操作规程和安全管理规范，确保放射工作人员的健康和施工安全。

（一）放射性物品的识别和鉴别

要想避免放射性辐射的损伤，就必须对放射性的标识图示、外观形状、检测识别方法等有所了解，这样，一旦遇到放射性辐射才能采取防护措施，避免放射性的伤害。否则，不认识、不了解它们，也就无从谈及对它们的防护。

1. 放射性标识图示

国际上统一用三叶形标识作为放射性辐射的标识图示(图6－2)。图的底色为黄色,三叶形为黑色。凡是有放射性物质的区域以及放射性物品的外包装上都贴有此标识,以告知和提醒公众不要随意接近它,更不能偷拿或捡拾这种物品。

图6－2　放射性辐射标识

2. 放射性物品的外观识别

放射性物品的种类很多,从物理状态分,有固态放射源、液态放射源、气态放射源;从外观形状分,有圆柱状源(不锈钢或其他金属外壳)、线状源(像一环扣一环的钥匙链,也有像钢丝一样的辫状)、点源、平面源、圆环源、针状源、棒状源。固体的放射源外观一般非常精致、漂亮,所以,不管在哪里遇到类似的物品,千万不要存有侥幸心理,贪图它美丽的外表,绝对不能徒手触摸,或是近距离接触。

3. 放射性物品的鉴别

放射线是一种人体不能直接察觉的电离辐射,要想知道所在场所有无放射性,就必须采用专用仪器进行检测。专业检测仪器按照使用的用途分为个人剂量检测仪,个人剂量报警仪,工作场所表面污染检测仪,空气、水、放射性浓度检测仪等。放射性标准的执行情况和防护措施是否安全可靠,必须通过实际的测量来检测。一旦有放射性,仪器就会报警或显示放射性照射剂量。有效的辐射剂量检测包括对放射性辐射的安全检查,有助于早发现事故征兆和隐患,以便及时采取措施,把事故的伤害降到最低。

(二)放射性物品运输中的防护要求

在放射源的运输方面,各油田公司应配备专用的放射源运输车和屏蔽罐。屏蔽罐体还应设有泄漏报警和开门报警装置,并随车配备专职的押运人员。按照危险品运输管理规定,放射源运输时需随车配备辐射监测仪和防护服,供监测和应急处理使用。

(1)运输放射源要按规定妥善包装,自行测定达到允许标准后,经有资质的监测部门监测,确定货包类别,经公安部门审核批准后方可托运。

(2)放射源的短途运输,即放射源在市区内或野外作业场地的近距离运输,应用专用的机动车辆运输,并有专人押运。严禁携带放射源乘坐市内公共汽车、电车等交通工具,不得将放射源与食品及易燃易爆危险品混装。

(3)自行运输放射源的车辆必须设有放射性标识、固定源罐装置或保险箱,防止源失落、颠翻或被盗。未采取足够安全防护措施的运源车不得中途停车,不得进入人口密集区和公共停车场停留。

(三)放射源到达目的地后的检查

放射源到达目的地后,押运人员和货物收方人员应作下列检查:

(1)货单和放射源是否相符的检查。

(2)运输前和运输途中安全记录的检查。

(3)运输容器完整性的外观检查。

(4)外照射辐射水平和表面污染的检查。

(四)安装、使用、操作和维护过程中的安全和防护

(1)放射源的安装、使用、操作和维护人员及管理人员,上岗前必须接受有资质的培训单位开展的辐射安全专业培训,掌握一定的安全防护知识和技能,并经考核合格后,持证上岗;对于Ⅰ类放射源、Ⅰ类射线装置的安装、使用、操作和维护人员及管理人员,上岗前必须接受由国家环境保护部门认可的有资质的培训单位开展的辐射安全专业培训,并经考核合格后,持证上岗。对于Ⅱ、Ⅲ、Ⅳ和Ⅴ类放射源,Ⅱ和Ⅲ射线装置的安装、使用、操作和维护人员及管理人员,上岗前必须接受由省级环保行政主管部门认可的有资质的培训单位开展的辐射安全专业培训,并经考核合格后,持证上岗。

(2)操作人员应根据密封源的数量和活度,按照辐射防护最优化原则,充分考虑时间、距离、屏蔽等因素,采取各种有效的防护措施,使受照剂量控制在合理达到的尽可能低的水平。

(3)在安装含密封源仪表的场所,要求必须将源牢固、可靠地安装进容器,采取措施防止丢失密封源,并限制人员进入源容器与受检物之间的有用线束区域。

辐射源在生产现场安装完毕投入运行前,应经放射防护部门监测合格才能投入运行;在放射源装置旁的显眼位置必须放置醒目的“三叶形”国际通用放射性警示标识。

(4)室外操作时,应根据放射源的辐射水平画出控制区,并设置围栏和明显的放射性危险标识和警告信号,必要时应有人员守卫,防止无关人员接近。

(5)应经常检查放射源安装的牢固性和活动部件的可靠性,对于灰尘、腐蚀、老化、疲劳、照射损伤或其他原因,可能使操作失灵,造成卡源或掉源隐患,应及时维修。交接班时应检查放射源是否在位,并在交接手续上有相应的文字记录,以便能及时发现丢失。维修应有维修记录。

(6)装置检修时,拆下来的放射源要妥善保管,防止被盗、丢失和超剂量照射事故发生。拆源时,要有放射防护专业人员现场监护,拆下来的放射源,要立即存到源库,不准在检修现场乱放或过夜。检修完毕,立即将源安装到位,监测合格后,经厂方签字确认有效。

(7)应至少每年进行一次含密封源设备防护性能及安全设施的检验,如发现污染或泄漏,必须立即采取措施,详细记录检验结果,妥善保管归档。

(8)相关岗位人员应配备满足要求的个人剂量计,个人剂量计应定期送有资质或经授权的单位进行测读或检测,对剂量超标者进行体检并暂时离开岗位休息。

(9)岗位职工每年进行健康监护体检,对体检指标不合格的人员在规定时间内连续体检3次,以确定是否为射线所致,以便采取相应措施。对核子密度或水平测量仪的使用者,应每年检查一次身体,白细胞偏低者不宜操作仪器。

(五)放射源的存放

在放射源贮存方面,根据放射性物质贮存管理的相关规定和存放规模,建设辐射防护墙、门、窗、辐射防护迷路,并充分考虑直射、散射和屏蔽物材料与结构等因素,以确定防护厚度。例如,江汉油田按标准建立了防护实体围墙的库区和专用贮存库,使辐射防护墙外5cm处剂量率符合国家标准要求。放射源的存在要做到以下几点:

(1)根据密封源类型、数量及总活度,应分别设计安全可靠的贮源室、贮源柜、贮源箱等相应的专用贮源设备。

(2)贮源室应符合防护屏蔽设计要求,确保周围环境安全,贮源室应有专人管理。

(3)贮源室应设置醒目的“电离辐射”标识,严禁无关人员进入。

(4)贮源室应有足够的使用面积,便于密封源储存,并保持良好的通风和照明。

(5)贮源室及贮源箱、贮源柜等均应有防火、防水、防爆、防腐蚀与防盗等安全设施。

(6)建立健全使用保管制度,使用单位应有密封源账目,设立领存等级、状态检查、定期清点、钥匙管理等防护措施。

(7)在工作场所或野外使用放射源时,要有专人负责看管,工作结束后立即收回,并存放在有防盗措施的临时贮存柜内。工作或贮存场所应有明显的电离辐射警告标识。

(六)测井施工中的安全防护

在放射源的使用环节管理上,每个使用放射源的班组应配备设立警戒区的安全带、警告标牌,配齐操作用的长把工具、防护服、辐射监测仪、剂量牌,为防止放射源操作时落井,还应配备专用的井口封盖设施。

对放射性材料和设备的使用采取《放射源作业许可证》制度。使用放射源前,需对作业条件进行认定,经过生产安全部门及当地放射卫生监督部门批准后才能作业。作业时由施工负责人安排监督人员确认现场措施到位并签字后,方可实施操作,以有效避免操作风险。同时,油田公司对废弃的放射源按规定回收处理,并做好详细的记录归档保存。

严格持证上岗制度。油田公司对涉及放射源及相关操作工序的员工,必须经培训合格,取得操作上岗证后,持证并穿戴专用的劳动防护服装、装备上岗。施工操作前进行必要的岗前安全教育,督促其落实安全制度、执行安全操作规范,杜绝事故发生。

放射性同位素示踪注水剖面测井施工时,示踪剂注入井内的方式主要有两种:一种是井口注入式,即将示踪剂通过专用的注入装置,靠地面注水系统将示踪剂注入井中;二是使用示踪剂井下释放器,将示踪剂携带到井内预定深度后进行定点释放。从注水剖面测井施工的安全防护出发,应用井下释放方式较好。严禁使用从井口倒入和在注水站配水间向井内倒入示踪剂的施工方法。

1. 井口注入法的安全防护

使用示踪剂注入装置向井内注入示踪剂时,施工人员要做到以下几点:

(1)负责示踪剂注入人员要根据施工所用示踪剂的放射性活度、毒性等级,按防护规定穿戴劳保用品(铅围裙、铅眼镜、放射性防护手套、口罩等)。尽量减少示踪剂放射的 γ 射线对人体器官的照射伤害。

(2)仔细检查示踪剂注入装置及所用管线是否畅通无阻、有无破损之处。

(3)检查井口各注水阀门、放喷管连接油壬以及防喷器是否完好,以保证各部位无泄漏。防止示踪剂在注入过程中泄漏到地面造成污染。

(4)示踪剂注入人员在将示踪剂从注入容器倒入装置时,要站在上风向位置。示踪剂容器的瓶口距离注入装置的倒入口越近越好,以免因风力影响造成放射性沾污人体或地面。

(5)示踪剂倒入注入装置后,按操作规程将示踪剂注入井内。盛装示踪剂的容器放回源车的铅罐中锁好,防止丢失。

2. 井下释放法的安全防护

由于井下释放法是采用井下释放器将示踪剂携带到井内预定深度进行定点释放,是一种

较好的注入示踪剂的方式。施工时,施工人员除穿戴劳保用品外,还应做到以下几点:

(1)施工人员要按照井下释放器安装操作规程,迅速将井下释放器与下井仪器串联接好,再下入井内。

(2)若井下释放器未能在井下正常释放时,应更换井下释放器进行重新施工。不允许在现场对存在故障的释放器打开维修。

(3)施工完毕后,应将所有井下释放器用源车拉运回配制室,不允许用其他车辆拉运。

(七)测井施工完毕后的安全防护

测井施工完毕后,施工人员应做好以下几个方面的安全防护工作:

(1)检测施工作业区内的放射性沾污情况,并做出评价。若检测有剂量超标时,应及时处理并通知有关单位,推迟下步施工作业。

(2)检测井下仪器、井下释放器或示踪剂注入装置。若检测出沾污超标时,应将其送同位素实验室的沾污处理系统中清洗处理。处理合格后才可进行维修和投入下次使用。

(3)参加施工人员所穿戴的劳保用品,经检测合格后,放入专用衣柜中。检测不合格的劳保用品必须经清洗去污后,方可再用。

(4)对施工中所用过的手套等沾污的废弃物品不能随意在施工现场丢弃,应由专人收集交放射性废物处理部门处理。

(5)仔细清点测井施工所用施工装置、仪器和工具,特别要重点清查示踪剂容器和井下释放器。回厂后按规定交还并履行交接登记手续。

(6)施工完毕后,收回施工现场设置的放射性危险标识,并妥善保管。

(7)参加同位素示踪测井施工人员回厂经淋浴后,换无沾污的服装,并经人体表面沾污检测合格后方可回家。

放射性测井施工队伍在现场作业时,应配备专用餐车。就餐前应用流动水清洗手和脸部,以防止放射性物质从口进入体内。

对测井施工中出现的施工现场沾污或示踪剂丢失等放射性事故,要组织人员保护现场,按照国家有关规定,进行事故处理。

(八)落实技术和管理措施

油田工程施工单位具有流动性大、作业条件较差、接触人员较多等特点,管好放射源应本着"以人为本、预防为先、应急有效"的原则,从技术和管理措施的关键入手,精益求精抓完善、促落实。

首先是在安全部门和当地放射卫生防护主管部门的指导下,制定出科学合理的现场操作技术管理措施,包括工作程序、组织机构、人员培训、应急计划演习、应急设施等。同时,还要针对可能发生的各类事故,制定适宜的应急计划并做好相应的应急准备,提前开展应急演练。

其次是做好施工前的准备工作。将工作场所划分出控制区和监督区,对施工场所进行清场,在其边界悬挂清晰可见的"禁止进入放射性工作场所"等警示标识,未经许可的人员不得进入该范围。也可采用绳索、链条及类似的方法,或安排监督人员实施人工管理。在进行野外焊口 γ 射线探伤施工过程中,现场还必须配备适当的应急防护设备,比如足够屏蔽厚度的防护掩体、隧道式屏蔽块、柄长不短于1.5m的夹钳、适当长度的金属线、水池、沙袋等。

最后是严格落实操作规程。对装载和卸载带有放射源和放射源托的源容器,要使用有足够屏蔽的、适当的换装容器,采用长柄操作工具的,要灵活熟练使用,尽量缩短操作时间。当放射源在工程中遇到险情,施工人员应直接向工程安全部门、企业负责人汇报,以免事故恶化。

在放射性测井施工中,针对测井仪器在井下施工经常发生遇阻、遇卡的现象,操作人员要遵守以下几点原则:放射仪器遇阻直接起出仪器;遇卡不强行上提电缆解卡;打捞应使用可靠程度高的穿心打捞方式;因遇卡导致曲线变形不能进行补测等,以有效避免施工过程中放射源失控的风险。对于井口极易出现注水回溢导致放射性同位素流散的现象,提前装好井口防喷装置,阻止污水回溢,配置井下释放器,将放射性同位素输送到井下再解封使用,躲避传统工艺的污染风险。在工件或设备焊口 γ 射线探伤过程中,探伤仪器的放射源更换应征得当地放射卫生防护部门批准,并在防护专业人员的监督下,在完全屏蔽的装置里,采用远距离的抓取机和支撑装置进行。

思考题

一、选择题

1. 油田重金属来源不包括(　　)。

A. 钻井流体　　B. 原油泄漏

C. 石油炼化　　D. 加油站加油

2. 重金属污染的特点不包括(　　)。

A. 滞后性　　B. 不可逆性

C. 长期性　　D. 隐蔽性

3. 重金属对植物的危害不包括(　　)。

A. 影响主根长度　　B. 影响株高

C. 植物发生变异　　D. 酶有效性下降

4. 下列关于重金属对人体的危害表述错误的是(　　)。

A. 铅主要损害人的神经、造血和心血管系统,引发多种疾病

B. 砷能引起四肢疼痛、肌肉萎缩、头发变脆脱落、皮肤色素沉着

C. 镉元素是人体必需的微量元素,但是过量后会改变遗传密码,引起畸变、突变、癌变、干扰酶系统

D. 汞通常会导致消化紊乱、神经错乱和肾炎的综合征

5. 海上钻井处理废弃物钻屑的主要方式是(　　)。

A. 钻屑回注　　B. 土壤洗涤

C. 固化稳定　　D. 联合修复

6. 放射性辐射对人体的损害程度与下列(　　)无关。

A. 照射剂量的大小　　B. 照射强度

C. 照射时间　　D. 是否穿戴工装

7. 下列关于放射性污染的表述错误的是(　　)。

A. 放射源不断向周围发出放射线,永不停止,所以放射性危害长期存在

B. 人类也无法用任何物理化学方法使放射源失去放射性

C. 放射性污染对人类身体伤害有定向累积性,因此,极少的放射性核素污染发出的很

少的辐照剂量率长期积累也会对人体造成严重危害

D. 放射性污染是否存在可以通过观察总结规律，从而采取躲避防范行为

8. 辐射防护的基本方法不包括(　　)。

A. 时间防护　　　　B. 距离防护

C. 屏蔽防护　　　　D. 定期体检

9. 放射性物品正确的识别方法是(　　)。

A. 观察物品颜色　　　　B. 观察有无放射性标识图示

C. 闻物品气味　　　　D. 用手触摸质感

10. 在放射性测井施工中，如果测井仪器在井下施工发生遇阻、遇卡的现象，操作人员不正确的操作方式是(　　)。

A. 放射仪器遇阻直接起出仪器

B. 遇卡不强行上提电缆解卡

C. 打捞使用可靠程度高的穿心打捞方式

D. 遇卡导致曲线变形应采取补测措施

二、判断题

1. 原油泄漏和油气储运都有可能造成重金属污染。(　　)

2. 通过筛选合适的重金属稳定剂，改变重金属的存在形态，可以解决重金属污染问题。(　　)

3. 井下仪器进出井口时，应使用柄长不小于100cm的工具加持。(　　)

4. 凡是贴有放射性标识的物品或区域，公众不要随意接近，更不能偷拿或捡拾这种物品。(　　)

5. 放射性测井施工完毕后，应将所有井下释放器用源车拉运回配制室，可以使用井队车辆拉运。(　　)

6. 使用铅金属、水泥、石头、混凝土等高密度材料可以防护所有放射线。(　　)

7. 负责示踪剂注入的施工人员要根据施工所用示踪剂的放射性活度、毒性等级，按防护规定穿戴劳保用品(铅围裙、铅眼镜、放射性防护手套、口罩等)。(　　)

8. 土壤洗涤是利用淋洗液把土壤固相中的重金属转移到土壤液相中去，再把富含重金属的废液进一步回收的土壤修复方法，该方法处理重金属成本较高。(　　)

9. 放射线是一种人体不能直接察觉的电离辐射，要想知道所在场所有无放射性，就必须采用专用仪器进行检测。(　　)

10. 在放射源的运输方面，各油田公司应配备专用的放射源运输车、屏蔽罐。(　　)

三、简答题

1. 油田重金属污染物的种类有哪些?

2. 重金属污染的特点有哪些?

3. 重金属污染的防护措施有哪些?

4. 放射性污染有哪些特点?

5. 放射性污染的防护措施有哪些?

参考文献

[1] 孙金蓉.钻井泥浆中重金属离子对环境的污染[J].油气田环境保护, 1993(2):56－62.

[2] 邵涛,龚莉娟,汪九新.钻井废泥浆中重金属化学形态及潜在生态效应评价[J].中国环境监测, 2007, 23(6):78－82.

[3] 油田钻井废弃泥浆中重金属分布特征与污染评价[D].乌鲁木齐:新疆大学, 2015.

[4] 张瑞萍.放射性辐射的危害及安全防护[J].北京警察学院学报, 2011(6):56－58.

[5] 石晓亮,钱公望.放射性污染的危害及防护措施[J].工业安全与环保, 2004, 30(1):6－9.

[6] 黎跃东,严泽书.塔里木盆地石油勘探开发区域环境放射性分析[J].新疆环境保护, 1996(1):62－64.

[7] 范婷, 张晓文, 吕俊文,等.放射性污染土壤生物修复的研究进展[J].安全与环境学报, 2011, 11(6):65－68.

[8] 谢广智,骆枫,林力,等.放射性污染土壤修复方法概述及评价[J].四川环境, 2018(1).

[9] 袁世斌.生物技术在放射性污染土壤修复中的研究进展[J].生物技术通报, 2008(S1):121－124.

[10] 陈思,安莲英.土壤放射性污染主要来源及修复方法研究进展[J].广东农业科学, 2013, 40(1):174－177.